中德机械与能源工程人才培养创新教材

数值分析
典型应用案例及理论分析

（上册）

陆　亮　编著

U0188189

上海科学技术出版社

图书在版编目（CIP）数据

数值分析典型应用案例及理论分析. 上册／陆亮编
著. —上海：上海科学技术出版社，2019.9（2023.8重印）
中德机械与能源工程人才培养创新教材
ISBN 978 - 7 - 5478 - 4544 - 8

Ⅰ. ①数… Ⅱ. ①陆… Ⅲ. ①数值分析－教学研究－
高等学校 Ⅳ. ①O241

中国版本图书馆 CIP 数据核字（2019）第 160589 号

数值分析典型应用案例及理论分析（上册）
陆 亮 编著

上海世纪出版（集团）有限公司
上海 科 学 技 术 出 版 社 出版、发行
（上海市闵行区号景路159弄A座9F–10F）
邮政编码 201101 www.sstp.cn
苏州市古得堡数码印刷有限公司印刷
开本 787×1092 1/16 印张 12.75
字数 280 千字
2019 年 9 月第 1 版 2023 年 8 月第 3 次印刷
ISBN 978 - 7 - 5478 - 4544 - 8/O · 76
定价：55.00 元

S *ynopsis*

内容提要

《数值分析典型应用案例及理论分析》分为上、下两册，本书为上册。本书在参考同类《数值分析》教材基础上，就基本理论进行了重组和适当简化，将章节划分为数值分析与科学计算、插值与拟合、线性方程组与非线性方程（组）求解、数值积分与数值微分四个部分。全书在理论编写基础上，介绍了部分数值分析方法的 MATLAB 程序设计，同时引用典型案例，就如何基于基本理论建立数值模型，并利用 MATLAB 程序设计进行数值计算进行了讨论。

本书可供高等院校机械、能源类本科生，在学习数值分析课程的同时了解、学习本专业的相关知识，也可供社会读者和工程技术人员阅读参考。

丛书序

在教育部和同济大学的支持下,同济大学人才培养模式创新实验区已经走过 10 个春秋。中德机械与能源工程人才培养模式创新实验区(简称莱茵书院)作为其中一员,自 2014 年开办以来,以对接研究生培养为主要目标,依托同济大学对德合作平台,探索并实践了双外语、宽口径、厚基础和学科交叉融合的人才培养模式,在学校和家长中得到了积极的响应。

本丛书是莱茵书院办学至今的部分成果汇报,主要包括两个部分:

一部分是根据机械、能源学科对于人才的要求,借鉴德国数学类课程体系,形成数学基本理论在学科内应用的案例教学,为研究生阶段学习奠定扎实基础。教材《常微分方程典型应用案例及理论分析》《数学建模典型应用案例及理论分析》《数理方程典型应用案例及理论分析》《数值分析典型应用案例及理论分析(上、下册)》中,编委们以高等院校工科学生的培养目标为准绳,以实际工程案例为切入点,进行数理知识点的分析与重构,提高工科学生的专业学习能力与分析问题、解决问题的能力。

另一部分是中德双语特色教学课程——机械原理的成果,该案例借鉴了德国亚琛工业大学、德累斯顿工业大学等优秀综合性大学的"机构学"教学经验和案例,结合了国内机械类专业本科生教学目标和知识点指标。《典型机构技术指南——认识—分析—设计—应用》是学生机构分析的案例汇编,该指南以加深学生理论基础、提升学生知识运用能力为目标,倾注了任课教师和莱茵书院学生的大量心血。

本丛书虽然是莱茵书院教学成果,亦可用作在校机械或能源类本科生和研究生辅导教材,或供相关专业在职人员参考。

在丛书出版之际,我代表莱茵书院工作组,对同济大学及其本科生院领导的支持表示诚挚感谢。在莱茵书院创办过程中,同济大学公共英语系教学团队为莱茵书院打造了特色课程体系,中德学院和留德预备部教学团队为莱茵书院的教学和学生培养提供了有力的支撑,在此也表示衷心感谢。感谢同济大学机械与能源工程学院的支持。特别感谢莱茵书院工作组成员,大家克服困难,创建了莱茵书院,其中的彷徨、汗水和泪水最终与喜悦的成果汇合,回报了大家的初心。感谢丛书的编写者,是你们的支持保证了莱茵书院的正常教学,也推进了莱茵书院的教学实践。

尽管本丛书编写力求科学和实用,但是由于时间仓促,难免有不尽如人意之处,还望读者批评指正。

李峥嵘　教授

同济大学

2019 年 1 月于上海

前 言

　　基于项目的学习方式始于 16 世纪的意大利大学,该学习方式要求学生有目的性地完成项目工作,并获得口头总结或成果产出,从而刺激了学生对基础知识学习的积极性。此种教育模式在一些国家获得推行,如澳大利亚大学的"无边界工程师培养计划"、美国普渡大学的"全球工程计划"以及斯坦福大学的"斯坦福技术冒险计划"。

　　此种培养模式无疑给数学教育者及研究者提供了开阔的思路。美国匹兹堡大学 J. Gabriel 等人指出,应用数学作为一门实践应用率较高的课程,可借鉴此种模式,将课堂变为平台,激发学生学习的目的性和主动性,使枯燥的数学学习变得有趣。L. Stefanutti 等人评价 J. C. Falmagne 和 J. P. Doignon 在应用数学教材研究中的贡献时指出,应用数学应不局限于数学和计算机专业,而是各学科专业综合应用的课程。M. Boekaerts 等人则进一步指出,伴随教学模式的改变,教学工作者的理念与能力也要相应发展,从传统的灌输知识模式向促进学生自我规划、自我促进能力模式转变,同时教学者须掌握更多的工程经验。

　　相似的案例教学或相关著作也在国内有所发展。如《机械工程设计分析和MATLAB 应用》以机械工程专业机械设计案例为核心,讨论了如何使用 MATALB 程序进行机械设计;《现代数值计算》着重阐述了数值分析的理论、内容与编程方法。前者侧重工程问题的编程解决,后者侧重数值理论的程序训练。然而系统性地将"理论—程序—案例"归纳总结,目前相关教材并不多见。本书作为同济大学"一拔尖,三卓越"特色项目——以"莱茵书院"为载体的厚基础跨学科宽口径培养模式深化研究项目的课程建设内容,旨在将数值分析基本理论与工程应用相结合,建立一套适用于机械、能源等工科类专业学习、讨论的教材。教材分为上、下两册,上册以基本理论为主,并配合 MATLAB 程序设计与典型案例,讨论学习如何基于基本理论建立数值模型、如何基于 MATLAB 程序设计就工程案例进行计算分析;下册在学生已熟练掌握基本理论与程序设计基础上,以机械专业为核心,向自动化控制、电力电子、材料化工、交通运输等专业融合,展现各自独立而又丰富完整的工程案例,继而通过课堂教学与交流,使学生充分了解数值分析这一门"应用"数学课程在解决工程问题时的强大力量。

感谢同济大学曹叔维教授对本书撰写进行的理论指导,感谢同济大学机械与能源工程学院研究生祝富强、徐航、李聪、李磊分别对本书四章内容的整理协助。

本书作者非数学系专业出身,水平有限,教材谬误之处在所难免,敬请读者指正!

作　者

C ontents
目　录

第 1 章　数值分析与科学计算 ……………………………………… 1

1.1　数值计算内涵 ………………………………………… 3

1.2　数值计算误差 ………………………………………… 4

1.3　数值计算性能 ………………………………………… 11

1.4　上机训练 ……………………………………………… 15

1.5　案例引导 ……………………………………………… 35

思考与练习 …………………………………………………… 40

第 2 章　插值与拟合 ………………………………………………… 41

2.1　插值概念 ……………………………………………… 43

2.2　多项式插值、单节点插值的拉格朗日型公式 ………… 45

2.3　单节点多项式插值的牛顿型公式 …………………… 51

2.4　差分与等距节点插值公式 …………………………… 54

2.5　埃尔米特插值 ………………………………………… 57

2.6　分段低次插值 ………………………………………… 60

2.7　三次样条插值 ………………………………………… 63

2.8　曲线拟合的最小二乘法 ……………………………… 69

2.9　上机训练 ……………………………………………… 79

2.10　案例引导 ……………………………………………… 82

思考与练习 …………………………………………………… 86

第 3 章　线性方程组与非线性方程(组)求解 …………………… 89

3.1　解线性方程组的直接法 ……………………………… 91

3.2　解线性方程组的迭代法 ……………………………… 95

3.3　非线性方程求解概念与二分法 ……………………… 101

3.4　非线性方程迭代法求解及其收敛性 ………………… 104

3.5　非线性方程迭代加速收敛方法 ⋯⋯⋯⋯⋯⋯⋯⋯⋯⋯⋯⋯ 110

3.6　非线性方程求解的牛顿法 ⋯⋯⋯⋯⋯⋯⋯⋯⋯⋯⋯⋯⋯⋯ 113

3.7　非线性方程求解的弦截法与抛物线法 ⋯⋯⋯⋯⋯⋯⋯⋯ 118

3.8　非线性方程组的数值解法 ⋯⋯⋯⋯⋯⋯⋯⋯⋯⋯⋯⋯⋯⋯ 121

3.9　上机训练 ⋯⋯⋯⋯⋯⋯⋯⋯⋯⋯⋯⋯⋯⋯⋯⋯⋯⋯⋯⋯⋯⋯ 125

3.10　案例引导 ⋯⋯⋯⋯⋯⋯⋯⋯⋯⋯⋯⋯⋯⋯⋯⋯⋯⋯⋯⋯⋯ 133

思考与练习 ⋯⋯⋯⋯⋯⋯⋯⋯⋯⋯⋯⋯⋯⋯⋯⋯⋯⋯⋯⋯⋯⋯ 139

第 4 章　数值积分与数值微分 ⋯⋯⋯⋯⋯⋯⋯⋯⋯⋯⋯⋯⋯⋯⋯⋯ 141

4.1　数值积分概论 ⋯⋯⋯⋯⋯⋯⋯⋯⋯⋯⋯⋯⋯⋯⋯⋯⋯⋯⋯⋯ 143

4.2　牛顿-柯特斯公式 ⋯⋯⋯⋯⋯⋯⋯⋯⋯⋯⋯⋯⋯⋯⋯⋯⋯⋯ 150

4.3　求积公式的稳定性与收敛性 ⋯⋯⋯⋯⋯⋯⋯⋯⋯⋯⋯⋯⋯ 154

4.4　复合求积公式 ⋯⋯⋯⋯⋯⋯⋯⋯⋯⋯⋯⋯⋯⋯⋯⋯⋯⋯⋯⋯ 157

4.5　高斯型求积公式 ⋯⋯⋯⋯⋯⋯⋯⋯⋯⋯⋯⋯⋯⋯⋯⋯⋯⋯⋯ 162

4.6　龙贝格求积公式 ⋯⋯⋯⋯⋯⋯⋯⋯⋯⋯⋯⋯⋯⋯⋯⋯⋯⋯⋯ 172

4.7　多重积分的数值积分 ⋯⋯⋯⋯⋯⋯⋯⋯⋯⋯⋯⋯⋯⋯⋯⋯⋯ 177

4.8　数值微分及其外推方法 ⋯⋯⋯⋯⋯⋯⋯⋯⋯⋯⋯⋯⋯⋯⋯ 179

4.9　上机训练 ⋯⋯⋯⋯⋯⋯⋯⋯⋯⋯⋯⋯⋯⋯⋯⋯⋯⋯⋯⋯⋯⋯ 184

4.10　案例引导 ⋯⋯⋯⋯⋯⋯⋯⋯⋯⋯⋯⋯⋯⋯⋯⋯⋯⋯⋯⋯⋯ 186

思考与练习 ⋯⋯⋯⋯⋯⋯⋯⋯⋯⋯⋯⋯⋯⋯⋯⋯⋯⋯⋯⋯⋯⋯ 189

参考文献 ⋯⋯⋯⋯⋯⋯⋯⋯⋯⋯⋯⋯⋯⋯⋯⋯⋯⋯⋯⋯⋯⋯⋯⋯⋯ 191

第 1 章

数值分析与科学计算

随着计算机技术的发展,数值分析作为一种应用数学工具,得以显现出其巨大的工程价值。如当采用有限差分法、有限元法或有限体积法研究物理场空间分布时,需要使用数值分析的方程数值迭代获得空间节点上尽可能精确的数值,并利用插值或拟合方法获得离散点之间的数值。数值计算是向精确值的无限逼近,其核心的问题在于误差的判断以及算法稳定性、快速性和收敛性的讨论。本章在介绍数值分析与科学计算内涵基础上,介绍了 MATLAB 计算机工具使用方法,并通过两个典型案例的讨论进一步巩固基本概念和计算机使用方法。

1.1　数值计算内涵

数学是科学之母。科学技术离不开数学,其通过数学模型的建立和数学方法的应用求解获得具有普遍意义的结论。人类生活的进步伴随生产实践的发展,始终围绕科学技术或工程应用的研究解决,工程应用问题研究首先在于物理、化学、生物等自然科学认知模型的建立,进而将其抽象成数学的描述,即数学建模。对于简单模型,如匀速直线运动位移与时间的关系,通常可以直接演算获得精确解析解,但工程应用通常涉及的数据拟合和复杂方程,需要从另一个角度获得求解。

数据拟合问题如伺服阀开度的零位漂移、液压圆管流动沿程阻力系数等,在无法有效获得自然科学认知的情况下,通常需要利用插值或拟合方法进行逼近,获得容易求解的替代数学模型。复杂方程问题如机械伺服控制、浮体阻尼运动、挖机轨迹设计等,尽管能够基于自然科学认知建立数学模型,但其多为复杂方程组、非线性方程、常微分方程或复杂积分微分等情况,纯粹的推演计算要么无法获得求解,要么难度过大,须采取近似迭代或离散估计的方法,即数值解析方法。

由此,数值分析不是纯数学本身理论的研究,而是以数学问题为研究对象进行理论与计算的结合,是一门应用数学。因数值解的获得在计算中采取了近似和估计,故数值解通常不存在理论上的精确解,但可以无限接近精确解或真实值,数值解和真实值之间的差别称为数值求解的误差。实际上,在工程应用中通常不需要获得非常严格的真实值,而是要求结果满足一定的误差范围即可,故数值分析始终离不开误差的概念。

误差通常分为两类,一类是数据或模型自身的误差,不属于数值分析方法自身的内容,但在选取合适的数值分析方法时要考虑方法的稳定性,避免将原始误差放大,这就是数值方法稳定性问题。另一类是截断误差和舍入误差,是由数值计算方法本身引起的,在计算过程中要求误差应逐步减小,这就是数值分析方法收敛性问题。由此,如果使用更好的方法能够以更少的计算步骤获得相同的误差要求,这就是计算方法的快速性问题。

综上所述,数值计算并非人工推演,而是利用初始的近似或估计,利用不断迭代或离散化过程获得真实值的近似,不断的循环过程离不开计算机及软件工具的辅助。在现代计算机出现之前,算盘、算图、算表和手摇与电动计算机是辅助完成数值计算的工具,但效率十分低下。1955—1975 年计算机运算速度的极大提高大大提升了数值分析计算的效率,如使得一定规模椭圆形偏微分方程计算效率相比之前提高 100 万倍,如今并行计算机的诞生及工具软件的发展更是极大地提高了计算速度。

数值分析计算工具传统算法语言是 Fortran 语言,C 语言比其更灵活且更具表现力,目前在纯语言教学中普遍应用。MATLAB 是目前常用的数值分析计算工具,由 C 语言和汇编语言编写,其整合了非线性方程组、常微分方程、数值积分与数值微分、曲线逼近与拟合,以及绘图工具等功能。

1.2　数值计算误差

1.2.1　误差来源与分类

数值计算过程中,估计计算结果的精度是十分重要的工作,影响精度的因素来自各种误差,可总结为以下四种类型。

1) 模型误差

其定义是:因忽略部分次要因素而建立的数学模型与实际问题之间的误差,称为模型误差。

使用数值分析方法解决工程问题时,首先将于工程问题溯源为自然科学的机理模型,进而数学描述获得建模。工程问题通常十分复杂,如果将所有的影响因素通盘考虑,则模型本身过于复杂,工程上常用的方法在于忽略次要因素而抓住主要矛盾,并在获得求解后,再基于实验对忽略的因素进行适当的修正,此种工程处理方法本身也是突出主要矛盾的科学处理方法。

如流体动力工程问题中,水力发电装备的设计通常主要考虑水位落差,影响流动的重力成为主要影响因素,而忽略伴随水流动的黏性阻力;同样,液压传动机械以管路流动为主要特征,黏性阻力成为主要影响因素,而忽略管路各位置液体位置不同导致的重力差。

2) 观测误差

其定义是:数学模型中经常包含观测或实验获得的物理数据,因测量工具或手段的限制,导致实测数据与真实值之间的误差。

如物理仪表、工具仪表、传感器数显读数时通常在其最小刻度范围内存在精确值 50% 的误差,尽管可通过改进仪表或传感器物理精度减小误差,但误差始终存在。此种误差对于后期的数学建模与数值分析计算存在影响,如流体机械通常存在局部阻力,局部阻力模型依赖严格的数学公式,但局部阻力系数通常是人为实验获得的经验系数,其误差进入数学模型,如数值计算方法稳定性不足,则导致误差放大。

上述两种误差通常都是难以避免、客观存在的,尽管不属于数值计算方法本身导致的误差,但对数值计算方法存在影响。

3) 截断误差

其定义是:基于工程问题建立的数学模型通常十分复杂,对其处理十分困难,通常需要利用数学方法进行简化,利用简化后的数值解替代精确解,此种误差称为截断误差。

如图 1.1 所示,在平衡流体中建立流体微元受压力方程(1.1),其中 p_A 为 A 点压强,并近似为毗邻 DC、BD、BC 面上压强, p_B、p_C、p_D 分别是 BE、CE、DE 面上压强。令 $p_A = p$,因压强在平衡流体中为坐标连续函数, $p = p(x, y, z)$,按照多元连续函数泰勒公式展开,获方程(1.2)。为方便处理,通常在数学方法上略去二阶及以上高阶小量,如方程(1.3),获得数学处理的简化。即使用有限过程逼近无限过程,用能计算的问题代替不能计算的问题。这种数学模型的精确解与由数值方法求出的近似解之间的误差称为截断误差,由于截断误差是数值方法固有的,故又称为方法误差。

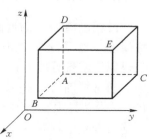

图 1.1　流体微元六面体

$$\mathrm{d}\boldsymbol{F} = -p\,\mathrm{d}A\boldsymbol{n} = (p_A - p_B)\frac{1}{2}\mathrm{d}y\,\mathrm{d}z\boldsymbol{i} + (p_A - p_C)\frac{1}{2}\mathrm{d}x\,\mathrm{d}z\boldsymbol{j} + (p_A - p_D)\frac{1}{2}\mathrm{d}x\,\mathrm{d}y\boldsymbol{k}$$

$$(1.1)$$

$$\left.\begin{aligned}
p_B &= p + \frac{1}{1!}\frac{\partial p}{\partial x}\mathrm{d}x + \frac{1}{2!}\frac{\partial p^2}{\partial^2 x}\mathrm{d}x^2 + \cdots + \frac{1}{n!}\frac{\partial p^n}{\partial^n x}\mathrm{d}x^n \\
p_C &= p + \frac{1}{1!}\frac{\partial p}{\partial y}\mathrm{d}y + \frac{1}{2!}\frac{\partial p^2}{\partial^2 y}\mathrm{d}y^2 + \cdots + \frac{1}{n!}\frac{\partial p^n}{\partial^n y}\mathrm{d}y^n \\
p_D &= p + \frac{1}{1!}\frac{\partial p}{\partial z}\mathrm{d}z + \frac{1}{2!}\frac{\partial p^2}{\partial^2 z}\mathrm{d}z^2 + \cdots + \frac{1}{n!}\frac{\partial p^n}{\partial^n z}\mathrm{d}z^n
\end{aligned}\right\}$$

$$(1.2)$$

$$\left.\begin{aligned}
p_B &= p + \frac{\partial p}{\partial x}\mathrm{d}x \\
p_C &= p + \frac{\partial p}{\partial y}\mathrm{d}y \\
p_D &= p + \frac{\partial p}{\partial z}\mathrm{d}z
\end{aligned}\right\}$$

$$(1.3)$$

4) 舍入误差

其定义是:计算机位数有限,计算时超过部分则四舍五入,如分别以 2.718 28 或 3.141 59 代替无理数 e 和 π,产生的误差称为舍入误差。

综上所述,截断误差/舍入误差是由数值计算方法引起的;模型误差和观测误差尽管不属于数值计算方法本身导致的误差,但对数值计算方法存在影响;即使初始误差很小,但千百万次计算后有可能十分惊人;后两种误差是数值计算方法的主要研究对象,主要考虑初始误差在传播过程中的稳定性,方法的收敛性和快速性。由此,讨论误差在计算过程中的传播及其对计算结果的影响,并找出误差的界限具有重要的意义。

1.2.2　误差与有效数字

1) 绝对误差与绝对误差限

设精确值为 x 的近似值为 x^*,则称 $E(x^*)=x-x^*$ 为近似值 x^* 的绝对误差,简称误差。当 $E(x^*)>0$ 时,称 x^* 为弱近似值或亏近似值,当 $E(x^*)<0$ 时,称 x^* 为强近似值或盈近似值。

通常精确值 x 是未知量,故 $E(x^*)$ 无法求出,但 $E(x^*)$ 的范围可以估计,即存在 $E(x)$ 误差界限。表示为存在 $\eta>0$,使得 $|E(x^*)|=|x-x^*|\leqslant\eta$,称 η 为近似值 x^* 的绝对误差限,简称误差限或精度。绝对误差限 η 越小,精度越高;绝对误差 $E(x)$ 和绝对误差限 η 有量纲,可用 $x^*-\eta\leqslant x\leqslant x^*+\eta$ 来表示近似值 x^* 的精度或精确值 x 所在的范围。

如使用毫米刻度尺测量真实长度为 x 的物体,测得其近似值为 $x^*=84$ mm,因直尺以毫米为刻度,故读数误差不超过 0.5 mm,即 $|x-84|\leqslant0.5$ mm。尽管不能得出 x 的精确值长度,但由此不等式可获得精确值 x 的范围:83.5 mm$\leqslant x\leqslant84.5$ mm,即说明 x 必在[83.5 mm, 84.5 mm]内,相应的误差限 $\eta=0.5$ mm。

2) 相对误差与相对误差限

用绝对误差来刻画一个近似值的精确程度是有局限性的,在很多场合无法显示出近似值的准确程度。

如两个精确长度分别是 100 m 和 10 m 的物体,若测量绝对误差都是 1 cm,显然前者相对要更为精确。即决定近似程度,既要看绝对误差,也要考虑被测量本身的大小,由此引申出相对误差的概念,为绝对误差与精确值之比,有 $E_r(x^*)=\dfrac{E(x^*)}{x}=\dfrac{x-x^*}{x}$,其中 $E_r(x^*)$ 称为近似值 x^* 的相对误差,但实际上精确值 x 总是不知道的,故 $E_r(x^*)=\dfrac{x-x^*}{x}\approx\dfrac{x-x^*}{x^*}$。

类似于绝对误差限,相对误差在通常精确值 x 无法准确获知的情况下,存在 $\delta>0$,使得 $|E_r^*(x^*)|=\left|\dfrac{x-x^*}{x^*}\right|\leqslant\delta$,称 δ 为近似值 x^* 的相对误差限。相对误差则是无量纲数,通常用百分比表示。

如根据上述定义,测量精确值为 100 m 物体的相对误差 $|E_r(x^*)|=\dfrac{1}{10\,000}=0.01\%$;测量精确值为 100 m 物体的相对误差 $|E_r(x^*)|=\dfrac{1}{1\,000}=0.1\%$(此时精确值

假设已知,分母使用精确值)。可见前者测量结果要比后者精确,故相对误差更能刻画误差特性。

3) 有效数字

实际计算中,当真实值 x 有很多位数时,常按四舍五入的原则得到 x 的近似值 x^*,形成舍入误差。

如自然指数 $e = 2.718\,281\,828\cdots$,按四舍五入原则分别取 2 位和 5 位小数时,则得 $e^* \approx 2.72$ 和 $e^* \approx 2.718\,28$。 不管取几位小数近似,其绝对误差都不超过末位单位的一半,或者说绝对误差限是末位单位的一半,即 $|e - 2.72| \leqslant \frac{1}{2} \times 10^{-2}$,$|e - 2.718\,28| \leqslant \frac{1}{2} \times 10^{-5}$。 注:如 2.72 的末位单位为 0.01,其一半为 0.005;2.718 282 的末位单位为 0.000 001,其一半为 0.000 000 5。

将四舍五入这一简单数值分析方法抽象成数学语言,同时引进"有效数字"的概念。即:若近似值 x^* 的绝对误差限是某一位的一半,就称其"准确"到这一位,且从该位往前数到 x^* 的第 1 位非零数字共有 n 个,则称此数共有 n 位有效数字。如 358.467,0.004 275 11,8.000 034 各数具有 5 位有效数字的近似值分别是 358.47,0.004 275 1,8.000 0。需要指出的是 8.000 034 的 5 位有效数字是 8.000 0,而不是 8,因为 8 只有一位有效数字,前者精确到 0.000 1,而后者仅精确到 1,显然前者远较后者精确。由此可见,有效数字尾部的零不能随意省去,以免损失精度。引入有效数字概念后,规定所写出的数都是有效数字,且在同一计算问题中参加运算的数,都应有相同个数的有效数字。

对于任意实数 x,四舍五入后的近似值 x^* 均可写成如下标准形式:

$$x^* = \pm(a_1 \times 10^{-1} + a_2 \times 10^{-2} + \cdots + a_n \times 10^{-n}) \times 10^m \tag{1.4}$$

其中,a_1 须为 1 至 9 的整数,首位不能为 0,也不能比 10 大,否则此式表达失去意义;a_2,a_3,$\cdots$,a_n 则可为 0 至 9 中的整数;n 为正整数,表示 n 位有效数字;m 为任意整数,通过 m 的换位,将式(1.4)中括号内的部分统一成 $\boxed{0.}\,\boxed{a_1}\,\boxed{a_2}\cdots\boxed{a_n}$ 的形式。

通过此种方法应该获得有效数字的统一表达形式,方便获得有效数字的位数 n;对于数字的绝对误差,其真实的末位单位为 10^{m-n},由此其绝对误差限为 $\frac{1}{2} \times 10^{m-n}$,故有

$$|x - x^*| \leqslant \frac{1}{2} \times 10^{m-n} \tag{1.5}$$

如,令圆周率 $\pi^* \approx 3.141\,59 = (3 \times 10^{-1} + 1 \times 10^{-2} + 4 \times 10^{-3} + 1 \times 10^{-4} + 5 \times 10^{-5} + 9 \times 10^{-6}) \times 10^1$,则有 $n = 6$,$m = 1$,故 π^* 有 6 位有效数字,绝对误差限为 $\frac{1}{2} \times 10^{-5}$。 事实上 $|\pi - \pi^*| = 0.000\,002\,6\cdots < \frac{1}{2} \times 10^{-5}$。

注意：0.423×10^{-2} 和 $0.423\,0 \times 10^{-2}$ 有区别，前者 3 位有效数字，后者 4 位；$1/8 = 0.125$，此种准确数字的有效数字是无穷多位，也就意味着其绝对误差限 $\frac{1}{2} \times 10^{m-n}$，$n \to \infty$，误差限趋向于"零"；由式(1.5)可见，当 m 一定时，有效数字位数 n 越多，其绝对误差限越小。

有了有效数字及其绝对误差限的定义，可以获得与之相关的相对误差限结论，即使用式(1.4)表示的近似数 x^* 具有 n 位有效数字，其相对误差限为

$$|E_r(x^*)| \leqslant \frac{1}{2a_1} \times 10^{-(n-1)} \tag{1.6}$$

反之，若 x^* 相对误差限满足

$$|E_r(x^*)| \leqslant \frac{1}{2(a_1+1)} \times 10^{-(n-1)} \tag{1.7}$$

则 x^* 具有 n 位有效数字。

证明：（1）由式(1.4)可知

$$\begin{aligned}
|x^*| &= (a_1 \times 10^{-1} + a_2 \times 10^{-2} + \cdots + a_n \times 10^{-n}) \times 10^m \\
&> (a_1 \times 10^{-1}) \times 10^m = a_1 10^{m-1}
\end{aligned} \tag{1.8}$$

$$\begin{aligned}
|x^*| &= (a_1 \times 10^{-1} + a_2 \times 10^{-2} + \cdots + a_n \times 10^{-n}) \times 10^m \\
&= [(a_1 + a_2 \times 10^{-1} + \cdots + a_n \times 10^{-(n-1)}) \times 10^{-1}] \times 10^m \\
&< [(a_1+1) \times 10^{-1}] \times 10^m = (a_1+1)10^{m-1}
\end{aligned} \tag{1.9}$$

式(1.8)中 $|x^*| = 0.a_1 a_2 \cdots a_n$ 从 a_1 往后进行了舍去近似，式(1.9)中从 a_1 往后往前入位进行了近似，由此得

$$a_1 10^{m-1} \leqslant |x^*| \leqslant (a_1+1)10^{m-1} \tag{1.10}$$

$$（2）\ |E_r(x^*)| = \left| \frac{x-x^*}{x^*} \right| \leqslant \left| \frac{\frac{1}{2} \times 10^{m-n}}{x^*} \right| \leqslant \left| \frac{\frac{1}{2} \times 10^{m-n}}{a_1 10^{m-1}} \right| = \frac{1}{2a_1} \times 10^{-(n-1)} \tag{1.11}$$

得证：x^* 具有 n 位有效数字，其相对误差限为式(1.6)。

（3）另外：

$$\begin{aligned}
|x-x^*| &= |x^*| |E_r(x^*)| \leqslant (a_1+1)10^{m-1} \times \frac{1}{2(a_1+1)} \times 10^{-(n-1)} \\
&= \frac{1}{2} \times 10^{m-n}
\end{aligned} \tag{1.12}$$

根据有效数字定义得证：x^* 相对误差限满足式(1.7)时，x^* 具有 n 位有效数字。

由此可见,有效数字的位数越多,相对误差限就越小。在工程问题数值计算时,在实际需要且计算能力允许情况下,适当提高有效数字的位数,可提高计算精度。

例 1.1 为使 $\sqrt{20}$ 的近似值的相对误差小于 1%,至少应取几位有效数字?(已知:首位非零数字是 $a_1 = 4$)

解答: $\sqrt{20}$ 的首位非零数字是 $a_1 = 4$,由式(1.6) $|E_r^*(x^*)| \leqslant \dfrac{1}{2a_1} \times 10^{-(n-1)} <$ 1%,解得 $n > 2$,故 n 取 3 即可满足要求。也就是说 $\sqrt{20}$ 的近似值只需 3 位有效数字,就能保证 $\sqrt{20} \approx 4.47$ 的相对误差小于 1%。

1.2.3 数值计算误差估计

数值计算中误差产生与传播情况十分复杂,参与运算的数通常多为近似数,即带有误差,这些误差在多次运算中进行传播,传播后是缩小还是放大,如何来估计?

假设两个近似数 x_1^* 和 x_2^* 的绝对误差限分别为 $E(x_1^*)$ 和 $E(x_2^*)$。对于简单的加减乘除运算,通常遵循如下原则:

$$|E(x_1^* \pm x_2^*)| \leqslant |E(x_1^*)| + |E(x_2^*)| \tag{1.13}$$

$$|E(x_1^* \cdot x_2^*)| \leqslant |x_1^*| |E(x_2^*)| + |x_2^*| |E(x_1^*)| \tag{1.14}$$

$$|E(x_1^*/x_2^*)| \leqslant \frac{|x_1^*| |E(x_2^*)| + |x_2^*| |E(x_1^*)|}{|x_2^*|^2} \quad (x_2^* \neq 0) \tag{1.15}$$

为了更为严谨地进行说明,下面介绍利用函数泰勒展开来估计误差传播的一种常用方法。

设可微函数 $y = f(x_1, x_2, \cdots, x_n)$ 中的自变量 $x_1, x_2, \cdots, x_n$ 相互独立,又 $x_1^*, x_2^*, \cdots, x_n^*$ 依次是 $x_1, x_2, \cdots, x_n$ 的近似值,则 y 的近似值 $y^* = f(x_1^*, x_2^*, \cdots, x_n^*)$。将函数 $y = f(x_1, x_2, \cdots, x_n)$ 在点 $(x_1^*, x_2^*, \cdots, x_n^*)$ 处作泰勒展开,得

$$
\begin{aligned}
y &= f(x_1, x_2, \cdots, x_n) \\
&= f(x_1^*, x_2^*, \cdots, x_n^*) + \frac{1}{1!} \sum_{i=1}^{n} (x_i - x_i^*) \cdot \frac{\partial f^{(1)}(x_1^*, x_2^*, \cdots, x_n^*)}{\partial x_i^*} + \\
&\quad \frac{1}{2!} \sum_{i,j=1}^{n} (x_i - x_i^*)(x_j - x_j^*) \frac{\partial f^{(2)}(x_1^*, x_2^*, \cdots, x_n^*)}{\partial x_i^* \partial x_j^*} + o^n
\end{aligned}
\tag{1.16}
$$

略去一阶以上高阶小量,获得 y 近似值 y^* 的绝对误差限和相对误差限为

$$
\begin{aligned}
E(y^*) &= y - y^* = f(x_1, x_2, \cdots, x_n) - f(x_1^*, x_2^*, \cdots, x_n^*) \\
&\leqslant \frac{1}{1!} \sum_{i=1}^{n} (x_i - x_i^*) \cdot \frac{\partial f^{(1)}(x_1^*, x_2^*, \cdots, x_n^*)}{\partial x_i^*} \\
&= \sum_{i=1}^{n} \frac{\partial f(x_1^*, x_2^*, \cdots, x_n^*)}{\partial x_i^*} \cdot E(x_i^*)
\end{aligned}
\tag{1.17}
$$

$$E_r(y^*) = \frac{E(y^*)}{y^*} \leqslant \sum_{i=1}^{n} \frac{\partial f(x_1^*, x_2^*, \cdots, x_n^*)}{\partial x_i^*} \frac{x_i^*}{y^*} \frac{E(x_i^*)}{x_i^*}$$

$$= \sum_{i=1}^{n} \frac{x_i^*}{y^*} \frac{\partial f(x_1^*, x_2^*, \cdots, x_n^*)}{\partial x_i^*} E_r(x_i^*) \tag{1.18}$$

以上两式的 $\dfrac{\partial f(x_1^*, x_2^*, \cdots, x_n^*)}{\partial x_i^*}$ 和 $\dfrac{x_i^*}{y^*} \dfrac{\partial f(x_1^*, x_2^*, \cdots, x_n^*)}{\partial x_i^*} (i=1,$

$2, \cdots, n)$ 可分别认为是基于原始 $x_i^* (i=1, 2, \cdots)$ 的绝对误差 $E(x_i^*)$ 和相对误差 $E_r(x_i^*)$，经过复杂运算后形成函数值的绝对误差 $E(y^*)$ 和相对误差 $E_r(y^*)$ 的增长因子。

利用式(1.17)可获得式(1.13)～式(1.15)简单加减乘除运算的绝对误差估计。

例 1.2 基于式(1.17)和式(1.18)，估计 $y=f(x_1, x_2, \cdots, x_n)=x_1+x_2+\cdots+x_n$ 的绝对误差与相对误差。

解答：(1) 绝对误差估计：因

$$\frac{\partial f}{\partial x_i^*} = 1 \quad (i=1, 2, \cdots)$$

故由式(1.17)知

$$E(y^*) = \sum_{i=1}^{n} E(x_i^*), \quad |E(y^*)| \leqslant \sum_{i=1}^{n} |E(x_i^*)|$$

即和的绝对误差为各加数绝对误差之和，和的绝对误差限可用各加数的绝对误差之和来表示。

(2) 相对误差估计：因

$$\frac{\partial f}{\partial x_i^*} = 1 \quad (i=1, 2, \cdots)$$

故由式(1.18)知

$$E_r(y^*) = \sum_{i=1}^{n} \frac{x_i^*}{y^*} E_r(x_i^*) = \sum_{i=1}^{n} \frac{E(x_i^*)}{y^*}$$

$$= \frac{E(x_1^*) + E(x_2^*) + \cdots + E(x_i^*) + \cdots + E(x_n^*)}{x_1^* + x_2^* + \cdots + x_i^* + \cdots + x_n^*}$$

由上式获得和的相对误差具体表达。更进一步，在 $x_i^* > 0$ 情况下，若考虑 $E(x_i^*)$ 均为正数，则和的相对误差有最大值，且此最大值不大于加数中最大的那个相对误差 $E_r(x_k^*)$。

例 1.3 测得钢板长 a 的近似值为 $a^* = 120.2\,\mathrm{cm}$，宽 b 的近似值 $b^* = 60\,\mathrm{cm}$；假设已知 $|E(a^*)| \leqslant 0.2\,\mathrm{cm}$，$|E(b^*)| \leqslant 0.1\,\mathrm{cm}$，试求近似面积 $S^* = a^* b^*$ 的绝对误差限与相对误差限。

解答：因 $S = ab$，$\dfrac{\partial S}{\partial a} = b$，$\dfrac{\partial S}{\partial b} = a$，则由式(1.14)或式(1.17)得

$$E(S^*) \leqslant \frac{\partial S}{\partial a} E(a^*) + \frac{\partial S}{\partial b} E(b^*) = b^* E(a^*) + a^* E(b^*)$$

所以　　　　　　　$|E(S^*)| \leqslant (|60 \times 0.2| + |120 \times 0.1|)\ \text{cm}^2 = 24\ \text{cm}^2$

而相对误差限为

$$|E(S^*)| = \left| \frac{E(S^*)}{S^*} \right| = \frac{E(S^*)}{a^* b^*} \leqslant \frac{24}{7\ 200} \approx 0.33\%$$

需要指出的是，通常误差估计得出的绝对误差限和相对误差限是按最坏的情形得出的，结果是偏保守的，事实上最坏情形的可能性是很小的，因此近年来出现了一系列关于误差的概率估计。通常为了保证运算结果的精确度，在计算过程中保留比最终要求的有效数字多 1～2 位进行即可。

1.3　数值计算性能

使用计算机进行数值计算时，数值算法的性能决定了计算结果的准确度与真实性，性能通常包括三个方面：首先要保证算法的稳定性，即算法对于计算过程中的误差（舍入误差、截断误差等）不敏感，甚至能够逐步缩小误差而获得原问题的相邻问题的精确解。其次要保证算法收敛性，收敛性概念和稳定性概念容易混淆，但不是一个层次，它仅在部分算法中出现，比如迭代求解。迭代中的收敛指经过有限步骤的迭代可以得到一个满足误差范围要求的稳定解。最后，在保证稳定和收敛基础上，为节省计算机效率，要斟酌使用以更少的计算步骤获得满足误差要求的解。除了上述三种主要性能以外，数值算法通常依赖计算机实现，还须满足计算机使用的相关要求。

1.3.1　算法的稳定性

数值算法的稳定性十分重要，如果算法不稳定，则计算结果就会严重背离真实结果。具体而言，即算法不能将原始的舍入误差、截断误差等在结算过程中放大，而应减小。

例 1.4　在分析复杂形状物体表面面积时，通常可采用数值积分的方法。如计算积分 $I_n = \mathrm{e}^{-1} \displaystyle\int_0^1 x^n\, \mathrm{e}^x\, \mathrm{d}x$，$n = 0, 1, 2, \cdots$。

解答：（1）利用分部积分法，得

$$I_n = \mathrm{e}^{-1} \int_0^1 x^n\, \mathrm{e}^x\, \mathrm{d}x = \mathrm{e}^{-1} \int_0^1 x^n\, \mathrm{d}\mathrm{e}^x = \mathrm{e}^{-1}\left(x^n \mathrm{e}^x \Big|_0^1 - \int_0^1 \mathrm{e}^x\, \mathrm{d}x^n \right)$$

$$= \mathrm{e}^{-1}(\mathrm{e} - 0) - n \cdot \mathrm{e}^{-1} \int_0^1 x^{n-1}\, \mathrm{e}^x\, \mathrm{d}x = 1 - n I_{n-1} \tag{1.19}$$

（2）令 $n=0$，直接积分求得 $I_0=1-e^{-1}\approx0.6321$（保留 4 位有效数字）。

（3）基于 $I_0\approx0.6321$ 和式(1.24)递推关系可得

$$I_0=0.6321 \quad I_1=0.3680 \quad I_2=0.2640$$
$$I_3=0.2080 \quad I_4=0.1680 \quad I_5=0.1600$$
$$I_6=0.0400 \quad I_7=0.7200 \quad I_8=0.7280$$

但 I_n 表达式中 e^x 为关于 x 的增函数，则有

$$0<I_n<e^{-1}\cdot(e^1)\int_0^1 x^n dx=\frac{1}{n+1} \tag{1.20}$$

则有
$$I_7<\frac{1}{8}=0.1250$$

这与式(1.19)的结论不符，可见按式(1.19) $I_n=1-nI_{n-1}$ 递推关系计算 I_n 是错误的，算法是不稳定的。原因在于 I_0 因保留 4 位有效数字，形成了 $(1/2)\times10^{-4}$ 的绝对误差限，而递推关系中每次递推都会将误差放大 n 倍（$n\geqslant1$）。

如果将式(1.19)改为

$$I_{n-1}=\frac{1}{n}(1-I_n) \tag{1.21}$$

则可利用倒推方式获得以下更为稳定的计算过程：

（1）因 I_n 表达式中 e^x 为关于 x 的增函数，则有

$$I_n>e^{-1}\cdot(e^0)\int_0^1 x^n dx=\frac{e^{-1}}{n+1} \tag{1.22}$$

（2）结合式(1.20)，有

$$\frac{e^{-1}}{n+1}<I_n<\frac{1}{n+1} \tag{1.23}$$

（3）当 n 取 7 时，可根据式(1.3)估算 $I_7=0.1124$（保留 4 位有效数字），作为递推初值，再依据式(1.28)倒推获得

$$I_7=0.1124 \quad I_6=0.1269 \quad I_5=0.1455$$
$$I_4=0.1708 \quad I_3=0.2073 \quad I_2=0.2643$$
$$I_1=0.3680 \quad I_0=0.6320$$

此种算法误差放大倍数为 $\frac{1}{n}<1$，I_7 的初始舍入误差在计算过程中逐渐减小，最后得到直接积分计算获得 $I_0=1-e^{-1}=0.6321$ 十分相近的计算结果。

1.3.2 算法的收敛性

对于如线性方程组、非线性方程、微分方程等复杂方程求解一类问题，在直接解析难

以获得结果情况下,通常可以借助迭代算法求解。如果不断迭代过程中,每步计算结果愈发偏离真实值,称算法是发散的,反之每步计算结果愈发趋近真实值,称算法是收敛的。具体内容将在第 3 章详细阐述,此处举例简单说明算法的收敛性问题。

例 1.5　在利用文丘里管流量计进行流量监测时,流量(除以系数)与管前后压差通常满足根号关系。设方程简化如 $Q(p) = \sqrt{p}$,求压差 $p = 3$ 时的流量 $Q(p)$。

解答:方程可表达为 $f(x) = x^2 - 3 = 0$,求根 $x^* = \sqrt{3}$ 数值解的形式(保留 4 位有效数字解为 1.732)。

在不改变方程等值关系前提下,通常可将方程做一定的变化,如

$$x = x^2 + x - 3 \tag{1.24}$$

或

$$x = \frac{1}{2}\left(x + \frac{3}{x}\right) \tag{1.25}$$

由式(1.24)获得迭代公式:

$$x_{k+1} = x_k^2 + x_k - 3 \quad (k = 0, 1, 2, \cdots) \tag{1.26}$$

由式(1.25)获得迭代公式:

$$x_{k+1} = \frac{1}{2}\left(x_k + \frac{3}{x_k}\right) \quad (k = 0, 1, 2, \cdots) \tag{1.27}$$

假设初值均为 $x_0 = 2.000\,000$,迭代 3 步后的结果见表 1.1。

表 1.1　文丘里管流量数值迭代计算对比

k	x_k	迭代式(1.24)	迭代式(1.25)
0	x_0	2.000 000	3.000 000
1	x_1	3.000 000	1.750 000
2	x_2	9.000 000	1.732 143
3	x_3	87.00 000	1.732 051
…	…	…	…

由表 1.1 数据可见,按照式(1.26)迭代,伴随计算过程,计算结果愈发偏离真实值,而按照式(1.27)迭代,计算至第 2 步即满足 4 位有效数字的精度要求。

此处主要明确数值算法的另一项性能指标,即算法收敛性,如何预判算法是否收敛,将在第 3 章详细阐述。需要指出的是,收敛性和稳定性有所区别,比如此处初值取 2.000 000,在一定范围内即便改变初值的选取,通常不会改变算法式(1.26)和式(1.27)在收敛性上的区别,即收敛性并不是针对初值误差的传播,而是本身算法是否能够实现精确值的获取。

1.3.3　算法的快速性

针对同样的问题,若能选用更为简单快速的算法,不但可节省计算资源、提高计算速

度,还能增强逻辑结构、减少误差积累。算法的快速性也是数值计算必须遵循的原则及其研究的主要内容。

例 1.6 计算多项式 $P_n(x)=a_nx^n+a_{n-1}x^{n-1}+\cdots+a_1x+a_0$ 的值。

解答:(1)直接计算:计算次数 $[1+(n-1)]+[1+(n-2)]+\cdots+[1+0]+0=\dfrac{n\cdot(n+1)}{2}$。

(2)递推方法计算(如秦九韶算法):

$$\left.\begin{array}{l}p_0=a_0\\p_n=p_{n-1}x+a_n\end{array}\right\} \tag{1.28}$$

$n=1$ 时,$p_1=p_0x+a_1$,自身计算 $1+1=2$ 步。

$n=2$ 时,$p_2=p_1x+a_2$,自身计算 $1+1=2$ 步,考虑之前 $n=1$ 时 2 步,合计 $2*2$ 步。

$n=n$ 时,$p_n=p_{n-1}x+a_n$,合计 $2*n$ 步。

由此可见,仅 $n=1$ 时,方法(1)比方法(2)计算步骤少,当 $n\geqslant2$ 后,方法(2)的计算快速性优势逐渐凸显。

例 1.7 计算和式 $\sum\limits_{n=1}^{1\,000}\dfrac{1}{(n+1)n}$ 的值。

解答:若将该和式简化为 $\sum\limits_{n=1}^{1\,000}\dfrac{1}{(n+1)n}=\sum\limits_{n=1}^{1\,000}\left(\dfrac{1}{n}-\dfrac{1}{n+1}\right)=1-\dfrac{1}{1\,001}$,则整个计算就只需一次除法和一次减法。若直接逐项求和,则其运算次数不仅很多而且误差积累也不小。

1.3.4 计算机算法原则

1)避免相近数相减

数值计算中相近数相减会造成有效数字严重损失,通常在多保留这两个数字有效数字的同时,通过方程变换如因式分解、分子分母有理化、三角函数恒等式、泰勒展开等,避免减法运算。

例 1.8 当 $x=1\,000$ 时,计算 $\sqrt{x+1}-\sqrt{x}$ 的值(取 4 位有效数字)。

解答:(1)直接计算:

$$\sqrt{x+1}-\sqrt{x}=\sqrt{1\,001}-\sqrt{1\,000}\approx31.64-31.62=0.02$$

其中,31.64 和 31.62 均为 4 位有效数字,但计算结果 0.02 丢失了 3 位有效数字,绝对误差和相对误差扩大,严重影响计算精度。

(2)方程变换:

$$\sqrt{x+1}-\sqrt{x}=\dfrac{1}{\sqrt{x+1}+\sqrt{x}}\approx0.015\,81$$

在计算过程中,有效数字始终可以保留,最终获得 4 位有效数字的结果。可见避免两个相近数相减,可避免有效数字的丢失,保证精度。

例 1.9　计算 $A = 10^7(1 - \cos 2°)$ 的值。

解答:(1)直接计算:$\cos 2° \approx 0.999\,4$ 与 1 十分接近,直接计算获得 $A \approx 10^7(1 - 0.999\,4) = 6 \times 10^3$,此结果只有 1 位有效数字。

(2)方程变换:因为 $1 - \cos x = 2\sin^2 \dfrac{x}{2}$,则有 $A = 10^7(1 - \cos 2°) = 2 \times (\sin^2 1° \times 10^7) \approx 2 \times 0.017\,45^2 \times 10^7 \approx 6.09 \times 10^3$。获得 3 位有效数字比较精确的结果。

综上,不加限制情况下,计算机计算过程中通常保持一致的有效数字,减法运算不仅数值上相减,还可能导致有效数字被"减"掉,导致计算结果有效数字的不足,精度的降低。

2)避免绝对值太小数作除数

数值计算中,使用绝对值过小的数作为除数,使商的数量级增加,导致计算机"溢出"错误,当除数仅有"一点点"误差时,计算结果误差却很大。如计算 $\dfrac{3.146\,4}{0.001} = 3\,141.6$;计算 $\dfrac{3.146\,4}{0.001\,1} = 2\,856$,分母从 0.001 到 0.001 1 仅有 0.000 1 的变化,但计算结果 285.6 的变化。故计算过程中,不仅要避免两个相近的数相减,还应特别注意避免再用这个差作除数。

3)避免大数吃小数

通常计算机位数是有限的,在程序编制时要合理安排计算次序,防止出现绝对值较大的数"吃掉"绝对值较小的数。

例 1.10　对 a,b,c 三数进行加法运算,其中 $a = 10^{12}$,$b = 10$,$c = -a$。

解答:(1)计算次序:$(a + b) + c$,在位数较小计算机上,a 吃掉 b,再与 c 依旧互为相反数,结果为 0。

(2)计算次序:$(a + c) + b$,a 与 c 互为相反数,相加得 0,再与 b 相加,得 b,获得真实结果。

1.4　上机训练

1.4.1　基本命令

1)启动 MATLAB

在计算机开始界面中,可以点击"开始"菜单或快捷图标中的 MATLAB 打开,将产生一个如图 1.2 所示的窗口,窗口内通常包括工作目录信息、变量信息、历史命令信息及命令窗口。

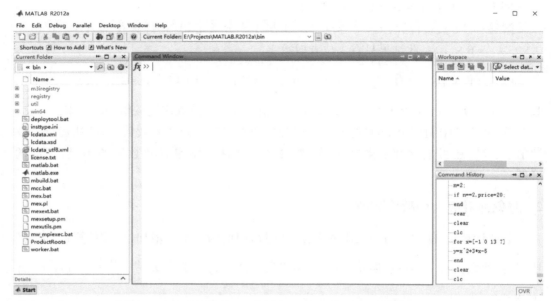

图 1.2　开始菜单/桌面中点击 MATLAB 图标–启动 MATLAB

或者,命令提示符中输入 MATLAB,同样可以启动窗口(图 1.3)。

图 1.3　命令提示符中输入 MATLAB–启动 MATLAB

2) 常用命令

（1) version：关于正在使用的版本信息。

（2) pwd：给出当前工作目录名。

（3) dir,ls 或 dir：列出当前目录下所有文件名清单。

（4) cd：改变目录,如 cd('C:\Program Files')。

（5) what：列出当前工作目录下的所有 M 文件、MAT 文件和 MEX 文件。

（6) who：列出当前工作空间里的变量名,如:

　　>>x = 1;　y = 2;　who

　　Your variables are:

　　x　y

（7) whos：列出每个变量的更多信息,如:

```
>>whos
Name   Size   Bytes   Class   Attributes
  x    1x1      8      double
  y    1x1      8      double
```

（8）format：数据显示格式，系统默认的数据显示格式为 5 位，如：圆周率 π

```
>> pi
ans =
  3.1416
```

（9）format long：同样数据以 16 位显示，如：

```
>> format long
pi
ans =
  3.141592653589793
```

（10）format short：又可以回到短格式显示。

（11）clear：清除命令，在退出 MATLAB 或清除这些变量之前，它们的值一直被保存在内存中，clear 将清除所有变量。

（12）clear x y t：如果只想清除特定的几个变量，如 x，y，t。

（13）clc：清除命令窗口。

1.4.2　基本计算

1）算术运算符

简单矩阵 $\begin{vmatrix} 1 & 2 & 3 \\ 4 & 5 & 6 \\ 7 & 8 & 9 \end{vmatrix}$ 的输入步骤如下。

（1）在键盘上输入下列内容：

```
A = [1,2,3;4,5,6;7,8,9]
```

（2）按【Enter】键，指令被执行。

（3）在指令执行，MATLAB 指令窗中将显示以下结果：

```
A =
1  2  3
4  5  6
7  8  9
```

（4）矩阵的分行输入：

```
A =[1,2,3
4,5,6
7,8,9]
```

回车后，同样显示：

```
A =
```

```
1  2  3
4  5  6
7  8  9
```

2) 变量与变量名

在 MATLAB 中,原则上可以使用任何与语法规则相容的名称作为变量名,但应该知道两种不相容的情况:

第一种情况是名称不能为 MATLAB 所接受;

第二种情况是名称可以接受,但它却破坏了一个保留变量名的初始含义。

这些冲突可能出现在如下类型的文件名中:

(1) 有确定取值的变量名(第二种:pi, date, inf(无穷大)等)。

(2) 函数(子程序)名(第二种:sin, cos 等)。

(3) 命令名(第三种:if, while, for, end 等)。

如:

```
>> end = 1;
 end = 1;
   ↑
 Error: Illegal use of reserved keyword "end".
```

如:

```
> pi
ans =
3.1416
>> pi = 1
pi =
    1
```

1.4.3 读写/数组变量

1) 数据输入

MATLAB 中的数据输入有多种方式,大致可以分为以下三类:

(1) 通过键盘和鼠标进行交互式操作。

(2) 数据文件读写。

(3) 使用 read 和 write 命令。

input:MATLAB 可以使用 input 命令通过键盘输入数据。

如:

```
z = input('请输入数据')
```

引号间的字符串"请输入数据"将出现于屏幕,此时输入数据并回车,即赋值于 z。

input 命令同样可以输入变量。

如：

```
z = input('请输入字符串','s')
```

引号间的字符串"请输入字符串"将出现于屏幕,此时输入符号并回车,即赋值于 z。

fprintf：使用 fprintf 可以输出格式化信息和数字,如：

```
fprintf('圆周的面积　%12.5f.\n',vol)
```

"圆周的面积"是将要输出的字符串;%12.5f. 是输出数据格式命令,也可%12.5e;\n' 是换行符号;vol 是给定的数据。

如：

```
fprintf('圆周的面积: %12.5f\n',123456.7)
圆周的面积: 123456.70000
```

如：

```
fprintf('圆周的面积: %12.5e\n',123456.7)
圆周的面积: 1.23457e + 05
```

注意：

```
%d 整数
%e 实数:科学计算法形式
%f 实数:小数形式
%g 由系统自动选取上述两种格式之一
%s 输出字符串
```

2) 一维数组变量

数组是计算机存储信息的概念,矩阵是计算科学的概念,如数组中的元素可以是字符等,矩阵中的只能是数,这是两者最直观的区别。

一维数组变量有行和列两种形式,它们与向量和矩阵有着紧密的联系。在 MATLAB 中行数组和行向量是同义语,列数组和列向量是同义语。

变量 x 可以通过指定其元素定义一个行向量,如：

```
x = [1  3  5  7  9  11  13  15];
```

要输出一个指定的元素,可以键入 x 及其下标,如：

```
x(3)
```

将显示：

```
ans = 5;
```

也可以用如下方法定义相同的 x,两者是等价的：

```
for i = 1: 8
x(i) = 2 * i + 1;
end
```

向量的大小会自动调整,无须事先指明,通过添加元素可增加 x 的元素个数,如：

```
x(9) = 17;
```

一个具有固定增量或减量行数组可以等价地写为

```
x = 1 : 2 : 17
```

输出为

```
x = 1  3  5  7  9  11  13  15  17
```

定义一个列数组与定义一个行数组类似，只要用分号将各元素隔开即可，如：

```
z = [1; 3; 5; 7; 9; 11; 13; 15];
```

在行数组后面加一个撇号也可以完成同样的功能：

```
z = [1  3  5  7  9  11  13  15]'
```

撇号运算符和向量矩阵运算中的转置运算符相同，它使一个行向量变为一个列向量；反之亦然。

同样：

```
c(1:7) = 5
```

得到

```
c = 5  5  5  5  5  5  5
```

而键入

```
clear
```

再

```
c(1 : 2 : 7) = 5
```

结果为

```
c = 5  0  5  0  5  0  5
```

如下操作将进一步改变 c 的值：

```
c(2 : 2 : 7) = 3
```

得到

```
c = 5  3  5  3  5  3  5
```

如果 $x=[1\ 2\ 3\ 4]; y=[4\ 3\ 2\ 1]$ 具有相同的长度和形式(行或列)，则向量 x 和 y 之间可以使用数组算术运算符进行加法、减法、乘法和除法运算，其形式如下：

```
z = x + y
z = x - y
z = x. * y
z = x./y
```

结果为

```
z = 5  5  5  5
z = - 3  -  1  1  3
z = 4  6  6  4
z = 0.2500  0.6667  1.5000  4.0000
```

注意：. * 和. / 为数组运算，* 和/为矩阵运算，分别等价于：

```
for i = 1:4;z1(i) = x(i) + y(i);end
for i = 1:4;z2(i) = x(i) - y(i);end
for i = 1:4;z3(i) = x(i). * y(i);end
for i = 1:4;z4(i) = x(i)./y(i);end
```

可以通过添加元素或向量使数组变大，如假定：$x=[2,3]$下面的命令将 6 添加进

x，使其长度变为 3：

```
x = [x, 6]
```

返回值为：

```
x = 2  3  6
```

对于列向量也可以进行添加元素或向量的操作。如果忘记了向量的大小，可以向计算机查询。已知一个向量：$x = [1 \quad 3 \quad 5 \quad 7]$，查询：

```
length(x)
ans = 4
```

此答案与数组的列数相同。

定义 $y = [1 \quad 2 \quad 3; 4 \quad 5 \quad 6]$，想知道这个矩阵有多少行与列，则必须使用 size。如

```
size(y)
```

返回值为

```
ans = 2  3
```

即 z 是一个 2 行 3 列的矩阵。

删除一个数组的元素，如假定 $z = [1 \quad 2 \quad 3 \quad 4 \quad 5]$，要删掉该数组的第三项，则

```
z(3) = [   ]
```

得到：

```
ans = 1  2  4  5  6
```

3）二维数组变量

一个 3×3 数组可以这样定义：

```
m = [1  2  3; 4  5  6; 7  8  9];
```

注意每一行的元素以分号结束，这里每一行的元素个数必须相同，否则定义不被接受。

上述语句等价于：

```
m(1,1) = 1; m(1, 2) = 3; m(1,3) = 3;
m(2,1) = 4; m(2,2) = 5; m(2,3) = 6;
m(3,1) = 7; m(3,2) = 8; m(3,3) = 9.
```

键入 m 作为一条命令，得到：

```
m =
1  2  3
4  5  6
7  8  9
```

二维数组的整行或整列可以用一个冒号表示。如 $m(1, :)$ 和 $m(:, 3)$ 分别表示 m 的第一行和第三列，如有：

```
c(1,:) = m(3,:)
c(2,:) = m(2,:)
c(3,:) = m(1,:)
```

得到：

```
c =
     7   8   9
     4   5   6
     1   2   3
```

二维数组可以使用数组算术运算符进行加、减、乘、除的运算,如已知 $m=[1\quad 2\quad 3;$ $4\quad 5\quad 6;7\quad 8\quad 9];n=[0.1\quad 0.2\quad 0.3;0.4\quad 0.5\quad 0.6;0.7\quad 0.8\quad 0.9];$求 $c=m+n$:

```
for  i = 1:3
    for  j = 1:3
        c(i,j) = m(i,j) + n(i,j)
    end
end
```

求 $c=m-n$:

```
for  i = 1:3
    for  j = 1:3
        c(i,j) = m(i,j) - n(i,j)
      end
end
```

求 $c=m*n$:

```
for  i = 1:3
    for  j = 1:3
        c(i,j) = m(i,j) * n(i,j)
      end
end
```

求 $c=m/n$:

```
for  i = 1:3
    for  j = 1:3
        c(i,j) = m(i,j)/n(i,j)
      end
end
```

使用数组算术运算符有两点好处:一是编程简洁;二是在 MATLAB 中,短形式的计算效率远远高于相同功能的循环语句。

4) if 语句与数组

假设 m 和 n 是相同大小的矩阵,只有长度相同的向量才能在 if 语句中进行比较,两个长度不相同的向量进行比较,命令窗口会出现出错信息提示。

例 1.11 给定一组数:$x=[9,2,-6,-2,7,-3,1,7,4,-7,8,4,0,-2]$;要求:

(1) 写出计算其负元个数的程序。

(2) 写出一段程序,使其能够找到 x 中的最大值与最小值(不能使用 min 或 max

22

命令)。

　　解答：(1) 程序如下：

```
x = [9, 2, -6, -2, 7, -3, 1, 7, 4, -7, 8, 4, 0, -2];
c = 0;
for  i = 1:length(x);
if x(i)<0,c = c + 1;end
end
c
```

　　结果为：c

　　　　　6

　　(2) 分别将 $x\min$ 和 $x\max$ 初始化为一个大的正数和一个绝对值大的负数。然后，让每一个 $x(i)$ 与 $x\min$ 和 $x\max$ 进行比较。如果 $x\min$ 大于 $x(i)$，则置 $x\min$ 为 $x(i)$；类似地，如果 $x\max$ 小于 $x(i)$，则置 $x\max$ 为 $x(i)$。

　　程序如下：

```
x = [9, 2, -6, -2, 7, -3, 1, 7, 4, -7, 8, 4, 0, -2];
xmin = 99; xmax = -99;
for  i = 1:length(x);
if xmin>x(i), xmin = x(i); end
if xmax<x(i), xmax = x(i); end
end
[xmin, xmax]
```

　　结果为：

```
ans =
-7    9
```

1.4.4　分支结构、循环结构 for/ end 和 while/ end

　　(1) if, else, else if, end：每一个 if 必须以一个 end 结尾，成对出现。如：

```
n = 2; %(假设 n 是可以用户自定义的,如 input)
    if n<= 5, price = 10;
    else price = 12;
end
```

　　又如：

```
n = 2;
    if  n = 2, price = 20;
end
```

　　当 if 语句需要检验两项的等同性时，使用 ==；不等号写为 ~=，大于号、小于号、大于等于号以及小于等于号分别写为：>、<、>=、<=。

　　逻辑语句 and 和 or 分别记为 & 和 I。

　　如，条件方程：if $a>2$ or $a<0$,　then $b=9$,写为：

```
if a>2 | a<0, b=9; end
```

同样,条件方程 if $a>2$ and $c<0$, $b=99$ 写为:

```
if a>2 & c<0, b=99; end
```

逻辑运算符 & 和|可以嵌套使用。如:

```
if((a==2|b==3)&c<5), g=1; end
```

例 1.12 假设 R 和 D 为两个给定整数,如果 R 能够被 $D=3$ 整除,则在屏幕上输出 R。

解答:判断 R 能否被另一个整数整除有两种等价的方法:(a) $\mathrm{fix}(R/D)$;(b) $\mathrm{mod}(R, D)=0$。这里,$\mathrm{fix}(x)$ 返回数 x 的整数部分,而 $\mathrm{mod}(x, y)$ 返回 x 被 y 除的余数。

程序(a)如下:

```
R=48; D=3;
if fix(R/D)==R/D, R, end
```

程序(b)如下:

```
R=48; D=3;
if mod(R,D)==0, R, end
```

(2) 循环:MATLAB 有 for/end 和 while/end 两种循环。

例 1.13 x 从 1 顺序到 9,计算 $y=x^2+3x-5$。

程序如下:

```
for x=1:9
    y=x^2+3*x-5
end
```

注意到 for 循环由 end 终止。在第一个循环里,x 值为 1,计算此时的 y 值。在第二个循环里,x 值为 2(增量默认为 1),计算 y。不断重复同样的过程,直到计算出对应于最后一个 x 值的 y。

例 1.14 x 从 1 顺序到 9,计算 $y=x^2+3x-5$。

解答:如果 x 每次的增量不是 1,则增量可以在初值与终值之间给出。

程序如下:

```
for x=1:0.5:9
    y=x^2+3*x-5
end
```

其中增量为 0.5。

循环也可以按相反次序进行计算。

程序如下:

```
for x=9:-1:1
    y=x^2+3*x-5
end
```

这里,"9:−1:1"的中间数−1 是 x 变化的增量。

例 1.15 x 从 1 顺序到 9,计算 $y=x^2+3x-5$。

解答：也可以对任意给定的序列 x 进行计算。

程序如下：

```
for x = [-1 0 13 7]
    y = x2 + 3 * x - 5
end
```

这里，首先计算 $x = -1$ 时的 y 值，然后依次计算 $x = 0$，13 和 7 时的 y 值。

循环中可以插入 if/end 语句。

例 1.16　当 $\cos(x) < 0$ 时 $y = \cos(x)$，当 $\cos(x) > 0$ 时 $y = 0$。

解答：程序如下：

```
for x = 0:0.1:2
    y = cos(x);
    if y<0, y = cos(x); else, y = 0; end
    y
end
```

例 1.17　在下面的代码中，$a = 0$，$x = [-2, 1, 3, 0, 0, 7, -4, 5, -5, 6, 9]$；为一组数，length($x$) 表示数组 x 的长度。在 for/end 的循环里，如果遇到 $x(i)$ 为负，则计数器 a 加 1。最后，a 指示了数组 x 中负元素的个数。

解答：程序（a）如下：

```
a = 0;
    x = [-2, 1, 3, 0, 0, 7, -4, 5, -5, 6, 9];
    for i = 1:length(x)
    if x(i)<0, a = a + 1; end
    end
a
```

程序（b）如下（循环指标亦可递减）：

```
a = 0;
    x = [-2, 1, 3, 0, 0, 7, -4, 5, -5, 6, 9];
    for i = length(x): -1:1
    if x(i)<0, a = a + 1; end
    end
a
```

（3）循环语句亦可插入 while/end。程序如下：

```
i = 0;
a = 0;
x = [-2, 1, 3, 0, 0, 7, -4, 5, -5, 6, 9];
while i<length(x)
i = i + 1;
if x(i)<0, a = a + 1; end
end
a
```

例 1.18 写一段程序,将数组 x 中可被 4 整除的数移除。假定 $x=[-2, 1, 3, 0,$ $0, 7, -4, 5, -5, 6, 9]$。

解答: 程序如下:

```
x = [-2, 1, 3, 0, 0, 7, -4, 5, -5, 6, 9];
    y = [ ];
    for n = 1:length(x)
    if x(n)/4 - fix(x(n)/4)~ = 0 y = [y,x(n)]; end
    end
y
```

注意:fix($x(n)/4$)等于 $x(n)/4$ 的整数部分,所以当 $x(n)$ 可以被 4 整除时,等式 fix($x(n)/4$)$-x(n)/4=0$ 成立。等价的,可以用 $\mathrm{mod}(a, b)=0$ 判断 a 能否被 b 整除。

(4) Break 中断命令。break 命令中止 for 或 while 循环,在嵌套循环中,break 中止包含该指令的最内层循环。例 1.19 中,一旦满足 $j>2*i$,break 中止内循环,但外层的 i 循环继续执行直到 $i=6$。

例 1.19 程序如下:

```
for i = 1:6;
for j = 1:20;
if j>2 * i, break, end
end
end
i
i =
    6
j
j =
    13
```

1.4.5 MATLAB 特有数字特征/数学函数/功能函数

1) 数字特征

在 MATLAB 里,所有的变量均为双精度,整数变量和实数变量之间没有区别,实数变量和复数变量同样没有区别。如何给变量赋值完全由用户决定,如果要使用整数变量,只要简单地给它赋一个整数值。

从存储器里的尾数和指数即可判定出一个数是否为整数。对实数与复数不加区别是 MATLAB 所特有的,例如考虑下面二次多项式的根:

$$ax^2+bx+c=0$$

解可以写为

$$x = \frac{-b \pm \sqrt{b^2 - 4ac}}{2a}$$

无论根号内的数是正是负,方程的解都可以用如下公式计算:

```
x1 = (-b + sqrt(b²2 - 4 * a * c))/(2 * a)
x2 = (-b - sqrt(b²2 - 4 * a * c))/(2 * a)
```

如果根为复数,MATLAB 自动将变量按复数处理。

如键入

```
sin(1 + 2 * i)    %其中 i是虚数单位
```

结果为:

```
ans = 3.1658 + 1.9596i
```

在 MATLAB 里的大部分函数可以将向量和矩阵作为变量。

如键入

```
x = [1 3 5; 2 4 6]
```

再键入

```
sin(x)
```

得到

```
ans =
0.8415      0.1411      - 0.9589
0.9093      - 0.7568    - 0.2794
```

2) 计算函数

fix(x):取小于 x 的整数(向零点舍入)。

如:fix(pi) = 3;fix(3.5) = 3;fix(-3.5) = -3;

round(x):纯粹的四舍五入。

如:round(pi) = 3;round(3.5) = 4;round(-3.5) = -4;round(-3.1) = -3;

ceil(x):向正方向舍入。

floor(x):向负方向舍入。

如:ceil(pi) = 4; ceil(3.5) = 4; ceil(-3.2) = -3; floor(pi) = 3; floor(3.5) = 3; floor(-3.2) = -4;

常用计算函数见表1.2。

表 1.2　MATLAB 常用计算函数

函　数	说　　明	函　数	说　　明
$\sin(x)$	正弦	$\mathrm{acos}(x)$	反余弦
$\cos(x)$	余弦	$\mathrm{atan}(x)$	反正切($-\pi/2 \geqslant \mathrm{atan}(x) \geqslant \pi/2$)
$\tan(x)$	正切	$\mathrm{atan2}(y, x)$	与 atan(y/x) 的结果相同,但是 $-\pi \geqslant \mathrm{atan}(y, x) \geqslant \pi$
$\mathrm{asin}(x)$	反正弦		

函　数	说　明	函　数	说　明
abs(x)	x 的绝对值	sign(x)	如果 $x>0$,则为 $+1$,如果 $x<0$,则为 -1
angle(x)	复数 x 的相位角		
sqrt(x)	x 的平方根	mod(x,y)	除后余数
real(x)	复数 x 的实部	exp(x)	以 e 为底的指数
imag(x)	复数 x 的虚部	log(x)	以 e 为底的对数
conj(x)	复数 x 的共轭数	log 10(x)	以 10 为底的对数
round(x)	向最近整数取整	factor(x)	将 x 分解质因数
fix(x)	向 0 取整	isprime(x)	如果 x 为素数,值为 1,否则为 0
floor(x)	向 $-\infty$ 取整	factorial(x)	阶乘($x!$)
ceil(x)	向 $+\infty$ 取整		

3) 功能函数

（1）sort 函数：将一个向量按升序重新排列。

当一个随机次序的向量需要以升序重新排列时,此命令十分有用。变量可以是行向量、列向量或矩阵。如果 x 是一个矩阵,则重新排序按列执行。

如：

```
sort([3 1 6])
ans =
1  3  6
sort([3 1 6]')
ans =
1
3
6
sort([8 3 6;2 1 9])
ans =
2  1  6
8  3  9
```

（2）sum(x)函数：计算向量或矩阵 x 中各元素的和。

对于行向量或列向量,sum 计算各元素的总和。如果 x 是矩阵,则返回值为由矩阵各列元素的和组成的一个行向量。

如：

```
sum([2 1 5])
ans =   8
```

28

```
sum([2 1 5]')
ans =   8
sum（[2 1 5；8 2 7]）
ans = 10   3   12
```

（3）$\max(x)$ 和 $\min(x)$ 函数：分别为求出向量 x 的最大值和最小值。

变量 x 可以是行向量、列向量或矩阵。如果 x 是一个矩阵，函数值为一个行向量，则其元素为矩阵相应列的最大值或最小值。（规则与 sort、sum 的规则相同）。

（4）rand 函数：可以生成随机数。

其用法为 $rand(n)$，其中 n 规定了返回随机矩阵的大小。如果 $n=1$，返回一个随机数。当 $n>1$ 时，返回一个 $n\times n$ 矩阵。除非特别规定，所生成的是 0～1 之间均匀分布的随机数。

1.4.6　用 M 文件开发程序/编写函数

编写程序时，直接在命令窗口写执行命令只适用键入命令很少的情况，当执行多行命令，用户应该编写一个脚本 M 文件或函数 M 文件（脚本相当于传统程序设计语言中的主程序，而函数相当于传统语言中的子程序）。

如图 1.4 所示，选择新建 M 文件。M 文件可存盘，从而可以在任何需要的时候进行修改。用户写在命令窗口的任何内容都可包含在 M 文件中。

M 文件中的百分号表示注释行，之后与其同行的内容全部用作文档，以这种方式在 M 文件中加入注释有助于说明变量和语句的含义。

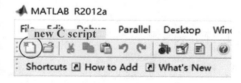

图 1.4　新建 M 文件

M 文件中可以调用其他 M 文件，执行调用的 M 文件称为父 M 文件，被调用的 M 文件称为子 M 文件（函数 M 文件）。

1）只有一个返回值的函数

例 1.20　考虑方程的函数 M 文件：$f(x)=\dfrac{2x^3-7x^2+3x+4}{x^2+3x+5\,e^{-x}}$。

解答：文件名存为 aa_.m，程序代码如下：

```
function y = aa_(x)    % 等号右边的函数名和 M 文件的文件名相同
y = (2*x.^3-7*x.^2+3*x+4)./(x.^2+3*x+5*exp(-x))   % x 可以是标量,也可是向量或矩阵
```

将文件名存为 aa_.m 后，就可以在命令窗口或其他 M 文件里使用这个函数了。

键入：

```
y = aa_(3)
```

得到：

```
y = 0.2192
```

键入：

    y = aa_([1 3;0 -1])

结果为一个矩阵：

    ans =
    0.3425   0.2192
    0.8000   -0.6902

2) 具有多个返回值的函数

例 1.21　一个函数可以返回多个变量。假定一个函数需要计算均值和标准差,为了要返回这两个变量,函数语句的等号左边必须是一个向量。

文件名存为 mean_st.m,代码如下：

    function [mean, stdv] = mean_st(x)
    n = length(x);
    mean = sum(x)/n;
    stdv = sqrt(sum(x.^2)/n - mean.^2);

键入：

    x = [1 7 4 2 7 5 2 9 6 3];
    [m,s] = mean_st(x)

运行结果为：

    m =   4.6000
    s =   2.4980

3) 在一个函数里可调用其他函数

例 1.22　即一个函数的参数可以是另一个函数的函数名。如计算某函数在三个点上加权平均值的函数：$f_{abc} = \dfrac{f_{(a)} + 2f_{(b)} + f_{(c)}}{4}$。

解答: 文件名存为 f_abc.m,代码如下：

    function wa = f_abc(f_name,a,b,c)
    % f_name(一个字符串变量)是函数 f(x)的函数名;如果 f(x)是 cos 函数,f_name 等于 'cos'
    wa = (feval(f_name,a) + 2*feval(f_name,b) + feval(f_name,c))/4;
    % feval(f_name,x)是一条 MATLAB 命令,该命令计算以 x 为参数,名为 f_name 的函数,如: y = feval('cos',x)等价于 y = cos(x)

例 1.23　若例 1.20 中 aa_.m 程序代码如下(已存工作目录)：

    function y = aa_(x)
    y = (2*x.^3 - 7*x.^2 + 3*x + 4)./(x.^2 + 3*x + 5*exp(-x))

执行：

    A = f_abc('aa_',1, 2,3)

结果为：

0.0468

1.4.7 MATLAB 简单绘图

MATLAB 绘图主要采用 plot 命令,如画出一个点数据集合(x_i, y_i), $i=1, 2, \cdots, n$ 的图形,其中 x_i 代表横坐标值,y_i 代表纵坐标值,可以使用 plot 命令画出这组数据的图形。

例 1.24 画出衰减振荡曲线 $y = e^{-t/3} \sin 3t$, t 的取值范围是$[0, 4\pi]$。

解答: 程序如下:

```
n = 50;t = 0: pi/n: 4 * pi;       % 定义自变量取值数组,n任意选择,过小降低图形光滑性
y = exp( - t/3). * sin(3 * t);    % 计算与自变量相应的 y 数组
plot(t,y,'linewidth','2')         % 绘制曲线,linewidth和2设置曲线粗细,默认值为0.5
grid on                           % 在"坐标纸"画小方格
xlabel('x'); ylabel('y')          % xlabel('x')和 ylabel('y')为标注坐标轴的命令
```

结果如图 1.5 所示。

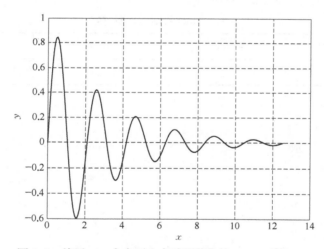

图 1.5   使用 plot 命令画出衰减振荡曲线 $y = e^{-t/3} \sin 3t$

plot 命令中,还可以只用不加线段连线的标记来对数据绘图,这里对于众多标记,列举其中较常用的 6 种,见表1.3。

表 1.3   plot 绘图标记类型符号

点	星号	圆形	加号	菱形	五角星
·	※	○	+	d	p

如键入:

```
plot(t,y,'.')
```

结果如图 1.6 所示。

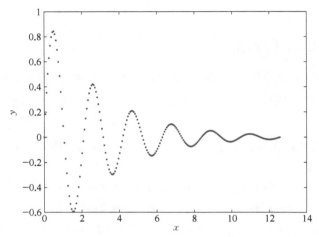

图 1.6　继续使用 plot$(t,y,'.')$命令画出衰减振荡曲线 $y = e^{-t/3}\sin 3t$

plot 命令中,还可以改变线的类型和颜色,MATLAB 里有 4 种线类型,默认类型为实线类型(表 1.4)。只须在坐标后面指定线型标记,即可按照选定的线型绘图。

表 1.4　plot 绘图线类型符号

实　线	虚　线	点　线	点画线
—	— —	:	— •

如键入:

```
plot(t,y,'--')
```

结果如图 1.7 所示。

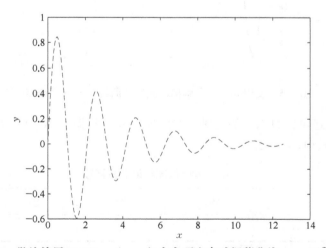

图 1.7　继续使用 plot$(t,y,'——')$命令画出衰减振荡曲线 $y = e^{-t/3}\sin 3t$

在 MATLAB 里,曲线的标记有 8 种颜色可供选择,分别是红、黄、紫、青、绿、蓝、白和黑色,这些颜色可以分别用字母 r、y、m、c、g、b、w 和 k 指定。使用颜色符号的方法和使用线类型类似。

如键入：

    plot(t,y,'k')

结果如图 1.8 所示。

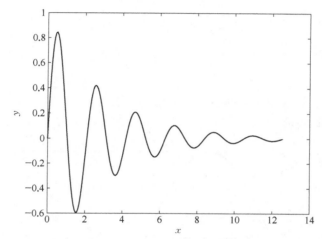

图 1.8　继续使用 plot(t，y，'k')命令画出衰减振荡曲线 $y = e^{-t/3}\sin 3t$

标记和颜色能够组合使用，如命令 plot(x，y，'$+k$')给出的图形是以黑色＋标记绘制的。

plot 命令还可以在同一图形窗口中绘制多条曲线，依次写出多个坐标设定值，便可同时得到多条曲线。

如键入：

    t = 0:0.05:4;
    y = sin(t);
    z = cos(t);
    plot(t,y,t,z)

结果如图 1.9 所示。

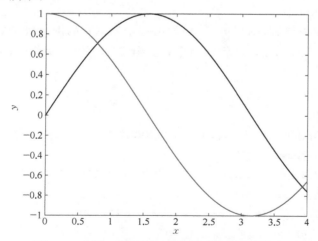

图 1.9　在同一图形窗口中绘制正弦和余弦曲线

在实际操作过程中,有时会在已绘制一条曲线的情况下,增加绘制另一条曲线,此时可使用两次 plot 命令,但在其间要使用 hold on 命令。

如键入:

```
x = 0: 0.05: 6;
y = sin(x);
plot(x, y)
hold on
z = cos(x);
plot(x,z,'- -')
xlabel('x'); ylabel('y( - ) and z( - -)');
```

结果如图 1.10 所示。

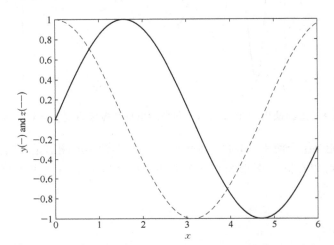

图 1.10   在同一图形窗口中先绘制正弦曲线再绘制余弦曲线

MATLAB 同样支持在同一个图形窗口中绘制 $m \times n$ 个图形,此时调用的是 subplot 命令,其格式为:

```
subplot(m,n,k)
```

其中 m,n 和 k 均为整数,这里 m 和 n 表示一个 $m \times n$ 的图形阵列,k 是图形窗口的序号。例如:subplot(2,2,1)后的命令将绘制 2×2 的图形阵列中的第一个图。

如键入:

```
clear; clc
t = 0:0.1:30;
subplot(2,2,1),plot(t,t.^2),title('SUBPLOT2,2,1')
xlabel('t');ylabel('t.^2')
subplot(2,2,2),plot(t,sin(t)),title('SUBPLOT2,2,2')
xlabel('t');ylabel('sin(t)')
subplot(2,2,3),plot(t,t./(1+t). * cos(t)),title('SUBPLOT2,2,3')
xlabel('t');ylabel('cos(t)')
```

```
subplot(2,2,4),plot(t,t.*sin(t)),title('SUBPLOT2,2,4')
xlabel('t');ylabel('t.*sin(t)')
```

结果如图 1.11 所示。

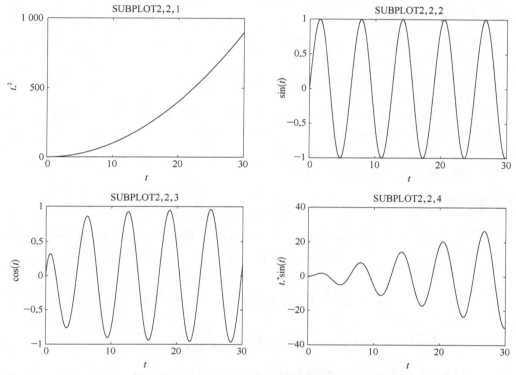

图 1.11　使用 subplot 命令在同一图形窗口中绘制多幅图形

1.5　案例引导

1.5.1　案例 1.1

本案例以 n 阶网络等效电阻的计算为应用背景,讨论数值递推方法的技巧,及算法的收敛性。如图 1.12 所示电阻网络,采用电路变换方法获得其 n 阶网络等效电阻为

$$R_n = \frac{(\sqrt{3}-1)(2+\sqrt{3})^n + (\sqrt{3}+1)(2-\sqrt{3})^n}{(2+\sqrt{3})^n - (2-\sqrt{3})^n}R$$

试采用递推法分析其等效电阻并讨论递推方

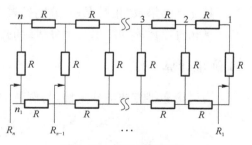

图 1.12　叠加电阻网络

法的稳定性。分析如下:

1) 直接计算

为比较计算结果的合理性,建立等效电阻的直接计算程序,假设其为"真实值",作为递推法计算比较的依据。

程序如下:

```
clear; clc
format long;
for n = 1:9;
x(n) = ((sqrt(3) - 1) * (2 + sqrt(3)).^n + (sqrt(3) + 1) * (2 - sqrt(3)).^n) * 12/((2 + sqrt
(3)).^n - (2 - sqrt(3)).^n);
end
```

其计算结果见表1.5左起第2列。

2) 递推计算

假设第 $n-1$ 阶网络等效电阻为 R_{n-1},则进行第 n 次叠加后的电阻网路如图1.13所示,不难建立此时的等效电阻计算方式:

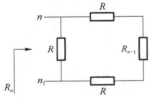

$$\frac{1}{R_n} = \frac{1}{R} + \frac{1}{2R + R_{n-1}} = \frac{2R + R_{n-1} + R}{R(2R + R_{n-1})} = \frac{3R + R_{n-1}}{R(2R + R_{n-1})}$$

由此获得递推关系 $R_n = \dfrac{R(2R + R_{n-1})}{3R + R_{n-1}}$。

图 1.13 第 n 次叠加后的简化电阻网络

假设电阻 $R = 10\ \Omega$,则 $R_1 = 10\ \Omega$,以 $n = 9$ 为例,建立第9阶电阻计算 MATLAB 程序:

```
y(1) = 12;
R = 12;
for n = 2: 9;
y(n) = R * (2 * R + y(n - 1))/(3 * R + y(n - 1));
Ery(n) = (y(n) - x(n))/x(n);
end
```

其计算结果及"相对误差"分别见表1.5左起第2列和第3列,由"相对误差"可见递推计算和直接计算的结果是十分接近的。

3) 逆推计算

为讨论递推方法的稳定性,与例1.12相似,尝试采用逆推法,建立 R_{n-1} 和 R_n 之间的数学关系:$R_{n-1} = \dfrac{R(2R - 3R_n)}{R_n - R}$;由等效电阻直接计算式获得 $R_9 = 8.784\,609\,692\,933\,776$,则逆推程序如下:

```
z(9) = 8.784609692933776;
R = 12.0000000000000000;
for n = 9: -1:2;
z(n - 1) = (R * (2 * R - 3 * z(n)))/(z(n) - R);
end
for n = 1:9;
Erz(n) = (z(n) - x(n))/x(n);
end
```

其计算结果和"相对误差"见表 1.5 左起第 5 和第 6 列。尽管"相对误差"相比递推计算"较大",但随阶数增加而减小,具收敛性。

表 1.5　案例 1.1 的直接计算、递推计算与逆推计算结果比较

阶数	直接计算	递推计算及其相对误差($\times 10^{-15}$)		逆推计算及其相对误差($\times 10^{-15}$)	
1	12.000 000 000 000 002	12.000 000 000 000 000	0	11.999 996 833 937 477	-263 838 543.753 299
2	8.999 999 999 999 998	9.000 000 000 000 000	0.197 372 982 155 583	8.999 999 802 121 080	-021 986 546.509 349
3	8.799 999 999 999 999	8.800 000 000 000 001	0.201 858 731 750 028	8.799 999 985 928 610	-001 599 021.521 253
4	8.785 714 285 714 283	8.785 714 285 714 285	0.202 186 957 330 110	8.785 714 284 704 699	-000 114 911.946 264
5	8.784 688 995 215 310	8.784 688 995 215 312	0.202 210 555 247 632	8.784 688 995 142 830	-000 008 250.797 286
6	8.784 615 384 615 384	8.784 615 384 615 385	0.202 212 249 669 030	8.784 615 384 610 181	-000 000 592.279 679
7	8.784 610 099 622 121	8.784 610 099 622 123	0.202 212 371 323 875	8.784 610 099 621 750	-000 000 042.262 386
8	8.784 609 720 176 729	8.784 609 720 176 730	0.202 212 380 058 304	8.784 609 720 176 704	-000 000 002.830 973
9	8.784 609 692 933 776	8.784 609 692 933 778	0.202 212 380 685 408	8.784 609 692 933 776	0

1.5.2　案例 1.2

本案例以曲柄滑块结构部件计算为例,以程序设计方式实施数值计算,并就误差概念进行讨论。如图 1.14 所示对心曲柄滑块机构:曲柄轴心到滑块销心最远距离 $P = 300$ mm,滑块行程 $H = 100$ mm,滑块位置允许误差 $\sigma_H = \pm 0.5$ mm。试计算曲柄长度 R 和连杆长度 L,及其允许的最大偏差 ΔR 和 ΔL。

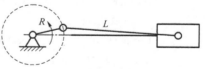

图 1.14　对心曲柄滑块机构

(1) 计算曲柄长度和连杆长度:

$$R = \frac{H}{2} = \frac{100}{2} = 50 \text{ mm}$$

$$L = P - R = 300 - 50 = 250 \text{ mm}$$

(2) 计算机构尺度参数影响系数,即滑块位移函数 $h(R, L)$ 关于曲柄长度 R 和连杆长度 L 的偏导数。由于滑块销心 P 点的位移函数:

$$h_j = R\left(1 - \cos\theta_j + \frac{L}{2R}\sin^2\theta_j\right) \quad (j = 1°, 2°, \cdots, 360°)$$

则关于曲柄长度 R 和连杆长度 L 的偏导数为

$$\frac{\partial h}{\partial R} = 1 - \cos\theta_j, \quad \frac{\partial h}{\partial L} = \frac{\sin^2\theta_j}{2}$$

取输入参数 $\theta_j (j = 1°, 2°, \cdots, 360°)$ 时,绝对值最大的偏导数值为 $\frac{\partial h}{\partial R}\big|_{\max}$ 和 $\frac{\partial h}{\partial L}\big|_{\max}$。

(3) 计算曲柄和连杆允许的最大偏差:

$$\Delta R\big|_{\max} = \frac{\sigma_\psi}{\sqrt{n}\,(\partial h/\partial L_i)_{\max}} = \frac{\sigma_H}{\sqrt{2}\,(\partial h/\partial R)_j\big|_{\max}} = \frac{0.5}{\sqrt{2}\,(1-\cos\theta_j)\big|_{\max}}$$

$$= \frac{\dfrac{1}{2\sqrt{2}}}{(1-\cos\theta_j)_{\max}}$$

$$\Delta L\big|_{\max} = \frac{\sigma_\psi}{\sqrt{n}\,(\partial h/\partial L_i)_{\max}} = \frac{\sigma_H}{\sqrt{2}\,(\partial h/\partial L)_j\big|_{\max}} = \frac{0.5}{\dfrac{\sqrt{2}}{2}\sin^2\theta_j\big|_{\max}} = \frac{\dfrac{1}{\sqrt{2}}}{(\sin^2\theta_j)_{\max}}$$

(4) 变值 M 文件和计算结果:

```
disp(['      ＊＊＊＊＊＊ 曲柄滑块结构的等影响法精度综合  ＊＊＊＊＊＊'])
N = input('输入机构运动精度影响尺度数目              N = ');
H = input('输入滑块行程的均值(mm)                   N = ');
P = input('输入曲柄轴心至滑块锁心最远距离(mm)          P = ');
DH = input('输入滑块位置允许误差(mm)                 DH = ');
disp(['           @@@@@@ 计算结果 @@@@@@'])
R = H/2;
fprintf('      曲柄长度的均值              R = %3.3f mm \n', R)
L = P - R;
fprintf('      连杆长度的均值              L = %3.3f mm \n', L)
theta = 0: 10: 360;
hd = theta. * pi/180;
%计算曲柄长度和滑块长度的影响系数(偏导数的最大绝对值)
CR = 1 - cos(hd);
CL = 0.5. * sin(hd).^2;
CRm = max(abs(1 - cos(hd)));
CLm = max(abs(0.5. * sin(hd).^2));
fprintf('      曲柄长度影响系数的最大绝对值        CRm = %3.6f  \n', CRm)
fprintf('      连杆长度影响系数的最大绝对值        CLm = %3.6f  \n', CLm)
%计算曲柄长度和滑块长度的最大允许偏差
DRm = DH/ sqrt(N)/CRm;
```

```
DLm = DH/ sqrt(N)/CLm;
fprintf('        曲柄长度允许的最大偏差        DRm = % 3.6f mm \n', DRm)
fprintf('        连杆长度允许的最大偏差        DLm = % 3.6f mm \n', DLm)
% 绘制机构尺度影响系数线图
plot(theta, CR, 'r')
hold;
gtext('曲柄长度影响系数曲线')
title('\bf 机构尺度影响系数线图')
xlabel('\bf 曲柄转角 \theta(°)')
ylabel('\bf 尺度影响系数')
plot(theta, CL, 'k')
gtext('连杆长度影响系数曲线')
grid on
```

M 文件运算结果:

```
* * * * * * 曲柄滑块结构的等影响法精度综合 * * * * * *
输入机构运动精度影响尺度数目        N = 2
输入滑块行程的均值(mm)              H = 100
输入曲柄轴心至滑块销心最远距离(mm)   P = 300
输入滑块位置允许误差(mm)            DH = 0.5
        @@@@@@ 计算结果 @@@@@@
曲柄长度的均值              R = 50.000 mm
连杆长度的均值              L = 250.000 mm
曲柄长度影响系数的最大绝对值    CRm = 2.000000
连杆长度影响系数的最大绝对值    CLm = 0.500000
曲柄长度允许的最大偏差        DRm = 0.176777 mm
连杆长度允许的最大偏差        DLm = 0.707107 mm
```

绘制的机构尺度影响系数曲线图如图 1.15 所示。

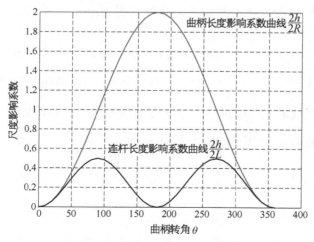

图 1.15　机构尺度影响系数曲线图

综上,在已知曲柄滑块机构的构件长度参数以及滑块运动位置允许误差情况下,通过计算机构尺度参数影响系数,按照等影响精度法,可以确定曲柄长度 R 和连杆长度 L 的允许最大偏差 ΔR 和 ΔL。

思考与练习

1. 设 x^* 为 x 的近似数,证明 $\sqrt[n]{x^*}$ 的相对误差约为 x^* 的相对误差的 $\frac{1}{n}$ 倍。

2. 求 $\sqrt{20}$ 的近似有效数字:(1) 使绝对误差不超过 0.01;(2) 使相对误差不超过 0.01。

3. 为使面积分 $I = \int_0^1 e^{-x^2} dx$ 近似值的相对误差不超过 1%,问至少要取几位有效数字?

4. 设 $s = \frac{1}{2} g t^2$,假定 g 是准确的,而对 t 的测量有 ± 0.1 的误差。试证明:当 t 增加时,s 的绝对误差增加,而相对误差却减少。

5. 试改变下列表达式,使计算结果比较精确:(1) $\dfrac{1}{1+2x} - \dfrac{1-x}{1+x}$,$|x| \ll 1$;
(2) $\sqrt{x + \dfrac{1}{x}} - \sqrt{x - \dfrac{1}{x}}$,$|x| \gg 1$;(3) $\dfrac{1-\cos x}{x}$,$|x| \ll 1$ 且 $x \neq 0$。

6. 数列 x_n 满足递推公式 $x_n = 10 x_{n-1}(n=1, 2, \cdots)$。若 $x_0 = \sqrt{2} \approx 1.41$(三位有效数字),问按上述递推公式,从 x_0 到 x_{10} 时误差有多大? 这个计算过程稳定吗?

7. 运用数组算术运算符去掉如下程序中的 for/end 循环:

```
x = 11:15;
for k = 1:length(x)
z(k) = x(k)^2 + 3.1 * x(k)^0.5
end
z
```

8. 定义一个矩阵 m:$m = \begin{bmatrix} 1 & 2 & 5 \\ 3 & 1 & 2 \\ 4 & 1 & 3 \end{bmatrix}$,如何使用 input 语句读入 MATLAB? 在 MATLAB 上键入 $\mathrm{sum}(m)$,$\max(m)$ 和 $\min(m)$ 的结果分别是什么?

9. 写一段程序计算 $S = \sum\limits_{n=1}^{10} \dfrac{n}{n+1}$:(1) 使用一个 for/end 循环,不能使用数组运算符和 sum。(2) 使用数组运算符和 sum,但不能使用任何 for/end 循环。

10. 分别在定义域内绘制下列图形:(1) $y = \dfrac{\sin(x)}{1 + \cos(x)}$,$0 \leqslant x \leqslant 4\pi$;(2) $y = \dfrac{1}{1 + (x-2)^2}$,$0 \leqslant x \leqslant 4$;(3) $y = \exp(-x)x^2$,$0 \leqslant x \leqslant 10$。

第 2 章

插 值 与 拟 合

在解决某些工程问题时,通常可以通过实验获得有限数据点。当无法通过物理机制的认知和数学公式的推导获得全局数据分布时,可利用现有数据规律,获得其真实面貌的趋近,建立经验或半经验公式。这样,不仅能够获得非实验点数据,还能作为系统的局部模型,建立系统的集总参数模型进行分析求解。本章主要介绍逼近的两种思路,其中插值方法要求近似曲线经过所有数据点,而拟合方法则要求近似曲线与实验点之间有合理的误差判断。

2.1　插值概念

在许多实际情况中,范围 $x \in [a, b]$,有函数 $y = f(x)$,只能通过实验获得逐点数据,但不知函数真实面貌。有些函数知道其面貌,如三角/对数/平方根/立方根函数等,但函数比较复杂、处理不便。在建立数据表、研究函数的变化规律时,往往需要求出不在表中的数据。

如根据设计或测绘能够获得零件外形曲线上的某些型值点 $(x_i,\ y_i)(i = 0, 1, \cdots, n)$,使得计算机程序控制进行加工时,可自动控制每步走刀的方向和步长。

需要算出零件外形曲线其他点的函数值,才能加工出外表光滑的零件,这就是求插值函数的问题,即通常选一类较为简单的函数(如代数多项式)$\Phi(x_i) = f(x_i)$,对于 $i = 0, 1, \cdots, n$ 成立。

2.1.1　插值的定义

$f(x)$ 为定义在区间 $[a, b]$ 上的函数,$x_0,\ x_1, \cdots,\ x_n$ 为 $[a, b]$ 上 $n+1$ 个互不相同的点,Φ 为给定的一个函数类(如多项式类)。若 Φ 上有函数 $\varphi(x)$ 满足

$$\varphi(x_i) = f(x_i),\ i = 0, 1, 2, \cdots, n \tag{2.1}$$

则称 $\varphi(x)$ 为 $f(x)$ 关于节点 $x_0,\ x_1, \cdots,\ x_n$ 在 Φ 上的插值函数。其中,$x_0,\ x_1, \cdots,\ x_n$ 称为插值节点,用 $\{x_i\}_{i=0}^{n}$ 简单表示;$(x_0,\ \varphi(x_0)),\ (x_1,\ \varphi(x_1)), \cdots,\ (x_n,\ \varphi(x_n))$ 称为插值型值点,简称型值点;而 $f(x)$ 称为被插函数。根据上述定义,插值函数实际上是一条经过平面上点 $(x_i,\ f(x_i))(i = 0, 1, \cdots, n)$ 的曲线,这条曲线函数即可作为 $f(x)$ 的逼近函数。

根据函数插值,有如下若干问题须讨论解决:

(1) 给定了被插函数 $f(x)$,插值节点 $\{x_i\}_{i=0}^{n}$ 及插值函数类 Φ,满足插值条件 $\varphi(x_i) = f(x_i),\ i = 0, 1, 2, \cdots, n$ 的插值函数 $\varphi(x)$ 是否存在? 若存在,是否唯一?

(2) 若插值函数存在且唯一,如何构造?

(3) $\varphi(x)$ 作为 $f(x)$ 的逼近函数,存在逼近误差,如何估算误差 $f(x) - \varphi(x)$?

(4) 是不是无穷加密插值节点,$\varphi(x)$ 无限接近 $f(x)$? 还是不收敛反而发散?

2.1.2 插值函数存在唯一性

通常,插值函数类 Φ 为一个函数空间(图2.1),若插值节点数为 $n+1$,实际给出了 $n+1$ 个限制条件,为了保证插值函数的存在且唯一,则给出的插值数空间是 $n+1$ 维,即 $\dim\Phi=n+1$。

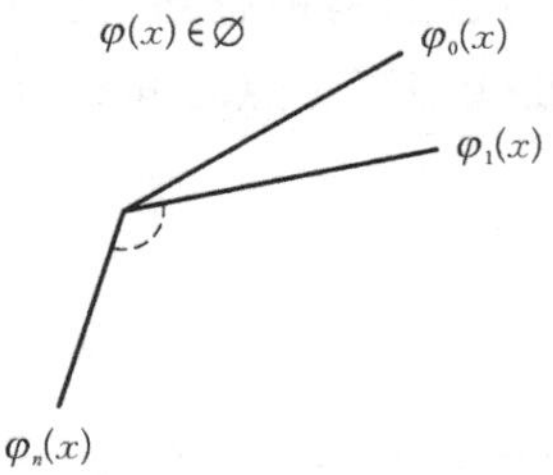

图 2.1 插值函数空间

任取 $n+1$ 个线性无关函数 $\varphi_0(x)$, $\varphi_1(x)$, $\cdots$, $\varphi_n(x)$ 作为一组基,简记为

$$\Phi=\mathrm{span}\{\varphi_0(x),\ \varphi_1(x),\ \cdots,\ \varphi_n(x)\} \tag{2.2}$$

于是,有一插值函数 $\varphi(x)\in\Phi$,可以唯一表示为

$$\varphi(x)=a_0\varphi_0(x)+a_1\varphi_1(x)+\cdots+a_n\varphi_n(x) \tag{2.3}$$

$(a_0,\ a_1,\ \cdots,\ a_n)$ 实际上是 $\varphi(x)$ 在基 $\{\varphi_i(x)\}_{i=0}^n$ 上的坐标。当然,在不同的基上,坐标不尽相同。

关于插值函数存在唯一性,有如下定理:

定理 2.1 $\{x_i\}_{i=0}^n$ 是 $[a,b]$ 上 $n+1$ 个相异插值节点,$\Phi=\mathrm{span}\{\varphi_0(x)$, $\varphi_1(x)$, $\cdots$, $\varphi_n(x)\}$ 是 $n+1$ 维函数空间,则定义在 $[a,b]$ 上的函数 $f(x)$ 关于节点 $\{x_i\}_{i=0}^n$ 在 Φ 上的插值函数存在且唯一的充分必要条件为行列式

$$\begin{vmatrix} \varphi_0(x_0) & \varphi_1(x_0) & \cdots & \varphi_n(x_0) \\ \varphi_0(x_i) & \varphi_1(x_i) & \cdots & \varphi_n(x_i) \\ \vdots & \vdots & & \vdots \\ \varphi_0(x_n) & \varphi_1(x_n) & & \varphi_n(x_n) \end{vmatrix}\neq 0 \tag{2.4}$$

证明: 如定理所述,有插值函数 $\varphi(x)=a_0\varphi_0(x)+a_1\varphi_1(x)+\cdots+a_n\varphi_n(x)\in\Phi$ 满足 $\varphi(x_i)=f(x_i)$,则 a_0, a_1, $\cdots$, a_n 应满足

$$a_0\varphi_0(x_i)+a_1\varphi_1(x_i)+\cdots+a_n\varphi_n(x_i)=f(x_i),\ i=0,1,2,\cdots,n \tag{2.5}$$

式(2.5)实际上是 a_0, a_1, $\cdots$, a_n 的一个 $n+1$ 阶线性方程组,存在唯一解的充分必要条件为系数行列式不为 0,即

$$\begin{vmatrix} \varphi_0(x_0) & \varphi_1(x_0) & \cdots & \varphi_n(x_0) \\ \varphi_0(x_i) & \varphi_1(x_i) & \cdots & \varphi_n(x_i) \\ \vdots & \vdots & & \vdots \\ \varphi_0(x_n) & \varphi_1(x_n) & \cdots & \varphi_n(x_n) \end{vmatrix}\neq 0 \tag{2.6}$$

由上可见,插值函数的存在唯一性与被插函数 $f(x)$ 无关,与插值空间 Φ 及插值节点 $\{x_i\}_{i=0}^n$ 相关。

例 2.1 x_0, x_1 为相异两点,二维插值空间 $\Phi=\mathrm{span}\{1,x\}$,求 $f(x)$ 关于节点 x_0, x_1 在 Φ 上的插值函数。

解答： 若 $P(x)=a_0+a_1x$ 为满足插值条件的插值函数，则 a_0，a_1 满足的线性方程组系数行列式

$$\begin{vmatrix} \varphi_0(x_0) & \varphi_1(x_0) \\ \varphi_0(x_1) & \varphi_1(x_1) \end{vmatrix}=\begin{vmatrix} 1 & x_0 \\ 1 & x_1 \end{vmatrix}=x_1-x_0\neq 0$$

由定理 2.1 可知，插值函数存在且唯一。即

$$a_0=\frac{\begin{vmatrix} f(x_0) & x_0 \\ f(x_1) & x_1 \end{vmatrix}}{\begin{vmatrix} 1 & x_0 \\ 1 & x_1 \end{vmatrix}}=\frac{x_1f(x_0)-x_0f(x_1)}{x_1-x_0}, \quad a_1=\frac{\begin{vmatrix} 1 & f(x_0) \\ 1 & f(x_1) \end{vmatrix}}{\begin{vmatrix} 1 & x_0 \\ 1 & x_1 \end{vmatrix}}=\frac{f(x_1)-f(x_0)}{x_1-x_0}$$

因此，$f(x)$ 关于节点 x_0，x_1 的插值函数为 $P(x)=\dfrac{x_1f(x_0)-x_0f(x_1)}{x_1-x_0}+\dfrac{f(x_1)-f(x_0)}{x_1-x_0}x$。实际上，$P(x)$ 就是过平面上 $(x_0,f(x_0))$，$(x_1,f(x_1))$ 两点的直线。

例 2.2　求 $f(x)$ 关于节点 x_0，x_1，在 $\Phi=\mathrm{span}\{1,x^2\}$ 的插值函数。

解答： 1，x^2 为 Φ 上的一组基，由定理 2.1 插值存在且唯一的充分必要条件为

$$\begin{vmatrix} 1 & x_0^2 \\ 1 & x_1^2 \end{vmatrix}=x_1^2-x_0^2=(x_1+x_0)(x_1-x_0)\neq 0$$

由于 x_0，x_1 相异，插值函数存在且唯一的充要条件为 $x_1\neq -x_0$。

(1) 当 $x_1=-x_0$ 时，插值函数不存在或无穷多个，取决于 $f(x_0)$ 与 $f(x_1)$ 是否相等。

(2) 当 $x_1\neq -x_0$ 时，插值函数存在且唯一，有

$$P(x)=a_0+a_1x^2=\frac{\begin{vmatrix} f(x_0) & x_0^2 \\ f(x_1) & x_1^2 \end{vmatrix}}{\begin{vmatrix} 1 & x_0^2 \\ 1 & x_1^2 \end{vmatrix}}+\frac{\begin{vmatrix} 1 & f(x_0) \\ 1 & f(x_1) \end{vmatrix}}{\begin{vmatrix} 1 & x_0^2 \\ 1 & x_1^2 \end{vmatrix}}x^2$$

$$=\frac{x_1^2f(x_0)-x_0^2f(x_1)}{x_1^2-x_0^2}+\frac{f(x_1)-f(x_0)}{x_1^2-x_0^2}x^2$$

2.2　多项式插值、单节点插值的拉格朗日型公式

2.2.1　多项式插值

构造插值函数的目的是便于对函数进行各种运算。如可用插值函数的导数、积分和

函数值来近似被插函数的导数、积分和函数值。由此,自然要求插值函数尽可能有"好"的性质,以便于求导和求积等。多项式具有无穷光滑的性质(求导),同时也易于求积及其他数值运算。

$$记 \qquad P_n = a_0 + a_1 x + \cdots a_i x^i + a_n x^n, \quad a_i \in R \text{(多项式)} \qquad (2.7)$$

则 P_n 为一个 $n+1$ 维的线性空间。为满足 $n+1$ 个插值节点插值函数简单、易于计算,首推 P_n 作为插值函数的形式。

定义 2.1 若 $\{x_i\}_{i=0}^n$ 为 $[a,b]$ 上互异点,$f(x)$ 为定义在 $[a,b]$ 上的函数,若有

$$P(x) \in P_n \qquad (2.8)$$

满足 $P(x_i) = f(x_i)$,$i = 0, 1, \cdots, n$,则称 $P(x)$ 为 $f(x)$ 关于节点 $\{x_i\}_{i=0}^n$ 的 n 次插值多项式,此种插值称为单节点插值。则有如下定理:

定理 2.2 $f(x)$ 关于 $n+1$ 个互异节点 $\{x_i\}_{i=0}^n$ 的 n 次插值多项式存在且唯一。

证明: 取 P_n 上一组基 $1, x, x^2, \cdots, x^n (\varphi_0(x), \varphi_1(x), \cdots, \varphi_n(x))$,则

$$\begin{vmatrix} 1 & x_0 & x_0^2 & \cdots & x_0^n \\ 1 & x_1 & x_1^2 & \cdots & x_1^n \\ \vdots & \vdots & \vdots & & \vdots \\ 1 & x_n & x_n^2 & \cdots & x_n^n \end{vmatrix} = \prod_{0 \leqslant j < i \leqslant n} (x_i - x_j) \qquad (2.9)$$

由于 $\{x_i\}_{i=0}^n$ 互不相同,故式(2.13)不为零。由定理 2.1 得,P_n 上存在唯一的 $P(x)$,满足 $P(x_i) = f(x_i)$,$i = 0, 1, \cdots, n$,即 $f(x)$ 关于 $\{x_i\}_{i=0}^n$ 的 n 次插值多项式存在且唯一。式(2.9)称为范德蒙行列式,以 $W(x_0, x_1, \cdots, x_n)$ 表示。

n 次插值多项式 $P(x)$ 通常表示为

$$P(x) = a_0 + a_1 x + \cdots + a_i x^i + a_n x^n \qquad (2.10)$$

其中,$a_i = \dfrac{D_i}{W(x_0, x_1, \cdots, x_n)}$,$i = 0, 1, \cdots, n$,而

$$D_i = \begin{vmatrix} 1 & x_0 & \cdots & x_0^{i-1} & f(x_0) & x_0^{i+1} & \cdots & x_0^n \\ 1 & x_1 & \cdots & x_1^{i-1} & f(x_1) & x_1^{i+1} & \cdots & x_1^n \\ \vdots & \vdots & & \vdots & \vdots & \vdots & & \vdots \\ 1 & x_n & \cdots & x_n^{i-1} & f(x_n) & x_n^{i+1} & \cdots & x_n^n \end{vmatrix} \qquad (2.11)$$

如

$$D_2 = \begin{vmatrix} 1 & x_0 & f(x_0) & x_0^3 & \cdots & x_0^n \\ 1 & x_1 & f(x_1) & x_1^3 & \cdots & x_1^n \\ \vdots & \vdots & \vdots & \vdots & & \vdots \\ 1 & x_n & f(x_n) & x_n^3 & \cdots & x_n^n \end{vmatrix} \qquad (2.12)$$

从代数角度考虑，$f(x)$ 关于 $\{x_i\}_{i=0}^n$ 的 n 次多项式插值公式已经求得。然而，需要计算 $n+2$ 个 $n+1$ 阶行列式，即 $W(x_0,\ x_1,\ \cdots,\ x_n)$ 和 $D_0,\ D_1,\ \cdots,\ D_n$，所以从计算方法的角度讲，问题仍未解决。

2.2.2　单节点多项式插值的拉格朗日型公式

对于给定 $n+1$ 个互异点 $\{x_i\}_{i=0}^n$，如果能找到 P_n 上 $n+1$ 个多项式 $\{l_i(x)\}_{i=0}^n$，它们满足

$$l_i(x_i)=1;\ l_i(x_j)=0\quad(i\neq j;\ i,j=0,1,\cdots,n)\tag{2.13}$$

那么
$$P(x)=\sum_{i=0}^n l_i(x)f(x_i)\in P_n\tag{2.14}$$

对于确定的 i，$l_i(x)$ 实际上也是在 P_n 上满足 $n+1$ 个插值条件的插值多项式，即

$$l_i(x_i)=1,\ l_i(x_j)=0\quad(j=0,1,\cdots,i-1,i+1,\cdots,n)\tag{2.15}$$

由定理 2.2 得，$l_i(x)$ 存在且唯一。满足式 (2.15) 的 n 次多项式是容易找到的，由 $l_i(x_j)=0$ 及 $l_i(x)\in P_n$，所得多项式必有因子 $(x-x_0)(x-x_1)\cdots(x-x_{i-1})(x-x_{i+1})\cdots(x-x_n)$，且只能是 $l_i(x)=A_i(x-x_0)(x-x_1)\cdots(x-x_{i-1})(x-x_{i+1})\cdots(x-x_n)$。

即有

$$l_i(x)=\frac{(x-x_0)(x-x_1)\cdots(x-x_{i-1})(x-x_{i+1})\cdots(x-x_n)}{(x_i-x_0)(x_i-x_1)\cdots(x_i-x_{i-1})(x_i-x_{i+1})\cdots(x_i-x_n)}\tag{2.16}$$

其中，$\{l_i(x)\}_{i=0}^n$ 是一组线性无关的函数，它可作为 P_n 的一组基，称这组基为关于节点 $\{x_i\}_{i=0}^n$ 的拉格朗日 (Lagrange) 基。

$f(x)$ 关于节点 $\{x_i\}_{i=0}^n$ 的 n 次插值多项式在其拉格朗日基下的表达式 (2.14) 称为插值多项式的拉格朗日形式，用符号 $L_n(x,f)$ 或 $L_n(x)$ 表示，即

$$L_n(x)=\sum_{i=0}^n l_i(x)f(x_i)\tag{2.17}$$

对于式 (2.1) 中分母的由来（归纳法）：

(1) $n=1$：假定区间 $[x_k,\ x_{k+1}]$ 及端点函数值 $f(x_k)$ 和 $f(x_{k+1})$，令 $P(x_k)=L_1(x_k)=f(x_k)$，$P(x_{k+1})=L_1(x_{k+1})=f(x_{k+1})$，$L_1(x)$ 实际上是过 $(x_k,f(x_k))$ 和 $(x_{k+1},f(x_{k+1}))$ 两点的直线，易求出 $L_1(x)$ 表达式，两种方式如下：

$$L_1(x)=f(x_k)+\frac{f(x_{k+1})-f(x_k)}{x_{k+1}-x_k}(x-x_k)\quad\text{（点斜式）}\tag{2.18}$$

$$L_1(x)=\frac{x_{k+1}-x}{x_{k+1}-x_k}f(x_k)+\frac{x-x_k}{x_{k+1}-x_k}f(x_{k+1})\quad\text{（两点式）}\tag{2.19}$$

令 $l_k(x) = \dfrac{x_{k+1} - x}{x_k - x_{k+1}}$，$l_{k+1}(x) = \dfrac{x - x_k}{x_{k+1} - x_k}$，则

$$L_1(x) = l_k(x) f(x_k) + l_{k+1}(x) f(x_{k+1}) \qquad (2.20)$$

（2）$n = 2$：假定插值点为 x_{k-1}, x_k, x_{k+1} 及端点函数值 $f(x_{k-1})$，$f(x_k)$ 和 $f(x_{k+1})$

$$L_2(x) = \frac{(x - x_k)(x - x_{k+1})}{(x_{k-1} - x_k)(x_{k-1} - x_{k+1})} f(x_{k-1}) \text{（始端往末端走）} +$$

$$\frac{(x - x_{k-1})(x - x_{k+1})}{(x_k - x_{k-1})(x_k - x_{k+1})} f(x_k) \text{（中间往两端走）} +$$

$$\frac{(x - x_{k-1})(x - x_k)}{(x_{k+1} - x_{k-1})(x_{k+1} - x_k)} f(x_{k+1}) \text{（末端往始端走，各走 } n \text{ 项）}$$

$$= l_{k-1}(x) f(x_{k-1}) + l_k(x) f(x_k) + l_{k+1}(x) f(x_{k+1}) \qquad (2.21)$$

由插值多项式的存在唯一性可知，式（2.21）和式（2.17）其实是同一个多项式，仅 P_n 取基不同，导致多项式表达形式不一样。同时，插值多项式的拉格朗日形式（2.17）较插值形式（2.21）具有许多优越性。只要取定节点 $\{x_i\}_{i=0}^n$，即可写出基函数 $l_i(x)$ 的表达式，进而得到 $f(x)$ 关于节点 $\{x_i\}_{i=0}^n$ 的插值多项式的拉格朗日形式（2.17）。拉格朗日形式简单，实际上后面各类插值多项式诸多理论结果源于拉格朗日形式（如误差）。

若记 $\omega_n(x) = (x - x_0)(x - x_1) \cdot \cdots \cdot (x - x_n)$，则 $l_i(x)$ 可表示为

$$l_i(x) = \frac{\omega_n(x)}{(x - x_i)\omega_n'(x_i)} \qquad (2.22)$$

2.2.3　插值余项与误差估计

若在 $[a, b]$ 上用 $L_n(x)$ 近似 $f(x)$，则其截断误差为 $R_n(x) = f(x) - L_n(x)$，也称为插值多项式的余项。关于插值余项估计有如下定理：

定理 2.3 设 $f^{(n)}(x)$ 在 $[a, b]$ 上连续，$f^{(n+1)}(x)$ 在 $[a, b]$ 上存在，节点 $a \leqslant x_0 < x_1 < \cdots < x_n \leqslant b$ 是满足条件式（2.17）的插值多项式，则对任何 $x \in [a, b]$，插值余项

$$R_n(x) = f(x) - L_n(x) = \frac{f^{(n+1)}(\xi)}{(n+1)!} \omega_n(x) \qquad (2.23)$$

此处 $\xi \in (a, b)$，且依赖于 x 和 $\omega_n(x)$。

证明：由给定条件知 $R_n(x)$ 在节点 $x_k (k = 0, 1, \cdots, n)$ 为零，即 $R_n(x_k) = 0$（$k = 0, 1, \cdots, n$），于是

$$R_n(x) = K(x)(x - x_0)(x - x_1) \cdot \cdots \cdot (x - x_n) = K(x)\omega_n(x) \qquad (2.24)$$

其中，$K(x)$ 为与 x 相关的待定函数。现把 x 作为 $[a, b]$ 上的一个固定点，作函数

$$\varphi(t) = f(t) - L_n(t) - K(x)(t-x_0)(t-x_1) \cdot \cdots \cdot (t-x_n) \qquad (2.25)$$

（1）根据 f 的假设可知 $\varphi^{(n)}(t)$ 在 $[a, b]$ 上连续，$\varphi^{(n+1)}(t)$ 在 $[a, b]$ 上存在。根据插值条件及余项定义，可知 $\varphi(t)$ 在点 x_0，x_1，$\cdots$ x_n 及 x 处均为零，故 $\varphi(t)$ 在 $[a, b]$ 上有 $n+2$ 个零点。

（2）根据罗尔（Rolle）定理，$\varphi'(t)$ 在 $\varphi(t)$ 的两个零点间至少有一个零点，故 $\varphi'(t)$ 在 $[a, b]$ 上至少 $n+1$ 个零点。

（3）对 $\varphi'(t)$ 再应用罗尔定理，可知 $\varphi''(t)$ 在 $[a, b]$ 内至少 n 个零点。

（4）依次类推，$\varphi^{(n+1)}(t)$ 在 $[a, b]$ 内至少存在一个零点，记 $\xi \in (a, b)$，使

$$\varphi^{(n+1)}(\xi) = f^{(n+1)}(\xi) - (n+1)! \, K(x) = 0 \qquad (2.26)$$

于是 $K(x) = \dfrac{f^{(n+1)}(\xi)}{(n+1)!}$，$\xi \in (a, b)$ 且依赖于 x。将上式代入式 (2.24) 得式 (2.23)，证毕。

应当指出，余项表达式只有在 $f(x)$ 的高阶导数存在时才能应用。ξ 在 (a, b) 上的具体位置通常无法给出。但如果可以求出 $\max\limits_{a \leqslant x \leqslant b} | f^{(n+1)}(x) | = M_{n+1}$，那么插值多项式 $L_n(x)$ 逼近 $f(x)$ 的截断误差限是

$$| R_n(x) | \leqslant \frac{M_{n+1}}{(n+1)!} | \omega_n(x) | \qquad (2.27)$$

（1）当 $n=1$ 时，线性插值余项为

$$R_1(x) = \frac{1}{2} f''(\xi) \omega_1(x) = \frac{1}{2} f''(\xi)(x-x_0)(x-x_1), \xi \in [x_0, x_1] \quad (2.28)$$

（2）当 $n=2$ 时，抛物线插值余项为

$$R_2(x) = \frac{1}{6} f''(\xi)(x-x_0)(x-x_1)(x-x_2), \xi \in [x_0, x_2] \qquad (2.29)$$

利用余项表达式 (2.23)，当 $f(x) = x^k (k \leqslant n)$ 时，由于 $f^{(n+1)}(x) = 0$，于是有

$$R_n(x) = x^k - \sum_{i=0}^{n} x^k l_i(x) = 0 \qquad (2.30)$$

由此得

$$\sum_{i=0}^{n} x^k l_i(x) = x^k \quad (k = 0, 1, \cdots, n) \qquad (2.31)$$

尤其当 $k=0$ 时，即 $f(x) = 1$ 时，

$$\sum_{i=0}^{n} l_i(x) = 1 \qquad (2.32)$$

式 (2.31)、式 (2.32) 也是插值基函数的性质。

利用余项表达式(2.23)还可知：若被插函数 $f(x) \in H_n$（H_n 代表次数小于 n 的多项式集合），由于 $f^{(n+1)}(x) = 0$，故 $R_n(x) = f(x) - L_n(x) = 0$，即它的插值多项式 $L_n(x) = f(x)$。

定理 2.3 给出了当被插函数充分光滑时的插值误差（插值余项）表达式,进而推导了误差限。但实际计算中,它们都无法给出误差的较精确估计。由此,给出实际计算时对误差的事后估计方法。

记 $L_n(x)$ 为 $f(x)$ 以 x_0，x_1，$\cdots$，x_n 为节点的插值多项式,对确定的 x,需要对误差 $f(x) - L_n(x)$ 做出估计。为此,另取一个节点 x_{n+1}，即 $L_n^{(1)}(x)$ 为 $f(x)$ 以 x_0，x_1，$\cdots$，x_{n+1} 为节点的同阶插值多项式,由定理 2.3 得

$$f(x) - L_n(x) = \frac{f^{(n+1)}(\xi)}{(n+1)!}(x - x_0)(x - x_1) \cdot \cdots \cdot (x - x_n) \tag{2.33}$$

$$f(x) - L_n^{(1)}(x) = \frac{f^{(n+1)}(\xi_2)}{(n+1)!}(x - x_1)(x - x_2) \cdot \cdots \cdot (x - x_{n+1}) \tag{2.34}$$

若 $f^{(n+1)}$ 在插值区间上变化不大,则有 $\dfrac{f(x) - L_n(x)}{f(x) - L_n^{(1)}(x)} \approx \dfrac{(x - x_0)}{(x - x_{n+1})}$。从而得到

$$f(x) \approx \frac{x - x_{n+1}}{x_0 - x_{n+1}}L_n(x) + \frac{x - x_0}{x_{n+1} - x_0}L_n^{(1)}(x) \tag{2.35}$$

即

$$f(x) - L_n(x) \approx \frac{x - x_0}{x_0 - x_{n+1}}(L_n(x) - L_n^{(1)}(x)) \tag{2.36}$$

式(2.36)较好地给出了插值误差的实际估计（x 已知情况下计算性好）。

例 2.3 用插值逼近法求 $\sqrt{7}$ 的近似值。

解答:（1）做函数 $f(x) = \sqrt{x}$，$\sqrt{7}$ 为 $f(x)$ 在 $x = 7$ 时的值,取 $x_0 = 4$，$x_1 = 9$，$x_2 = 6.25$。可利用 $f(x)$ 关于 x_0，x_1，x_2 的二次插值函数在 $x = 7$ 时的取值作为 $f(7) = \sqrt{7}$ 的近似:

$$L_2(x) = \frac{(x - 9)(x - 6.25)}{(4 - 9)(4 - 6.25)} \times 2 + \frac{(x - 4)(x - 6.25)}{(9 - 4)(9 - 6.25)} \times 3 +$$
$$\frac{(x - 4)(x - 9)}{(6.25 - 4)(6.25 - 9)} \times 2.5$$

以 $x = 7$ 代入上式,得 $L_2(7) \approx 2.648\,49$,由此推论,可得到比较保守的误差估计

$$|R_2(7)| \leqslant \frac{M_3}{3!}|(7 - 4)(7 - 9)(7 - 6.25)| \approx 0.008\,79$$

（在区间 $[4, 9]$ 上,$|f^{(3)}(x)|$ 的界 $M_3 = 0.011\,719$）

（2）若采用事后估计方法,另取节点 $x_3 = 4.84$，$f(x)$ 以 x_1，x_2，x_3 为节点的插

值多项式为

$$L'_2(x) = \frac{(x-9)(x-6.25)}{(4.84-9)(4.84-6.25)} \times 2.2 + \frac{(x-4.84)(x-6.25)}{(9-4.84)(9-6.25)} \times 3 +$$
$$\frac{(x-4.84)(x-9)}{(6.25-4.84)(6.25-9)} \times 2.5$$

以 $x=7$ 代入上式,得 $L'_2(7) = 2.647\,52$。按事后估计式得到 $f(7) - L_2(7) \approx$

$\dfrac{x-x_0}{x_0-x_{n+1}}(L_n(x) - L_n^{(1)}(x)) = \dfrac{7-4}{4-4.84}(2.648\,49 - 2.647\,52) = -0.003\,46$,结果在

误差限 $[-0.008\,79,\ 0.008\,79]$ 以内。

2.3　单节点多项式插值的牛顿型公式

2.3.1　差商及差商表

相应于函数微商(导数),称 $f(x_1) - f(x_0)$ 与 x_1-x_0 的比值为 $f(x)$ 关于点 x_0, x_1 的一阶差商,并记为 $f(x_0,\ x_1)$,即

$$f(x_0,\ x_1) = \frac{f(x_1) - f(x_0)}{x_1 - x_0} \tag{2.37}$$

而称

$$f(x_0,\ x_1,\ x_2) = \frac{f(x_1, x_2) - f(x_0, x_1)}{x_2 - x_0} = \frac{\frac{f(x_2)-f(x_1)}{x_2-x_1} - \frac{f(x_1)-f(x_0)}{x_1-x_0}}{x_2-x_0} \tag{2.38}$$

为 $f(x)$ 关于点 x_0, x_1, x_2 的二阶差商。

由此递推出一般情况,即

$$f(x_0,\ x_1,\ \cdots,\ x_k) = \frac{f(x_1, x_2, \cdots, x_k) - f(x_0, x_1, \cdots, x_{k-1})}{x_k - x_0} \tag{2.39}$$

为 $f(x)$ 关于点 x_0, x_1, $\cdots$, x_k 的 k 阶差商。上述定义中 x_0, x_1, $\cdots$, x_k 互不相同。

关于差商,有如下性质:

(1)

$$f(x_0,\ x_1,\ \cdots,\ x_k) = \sum_{i=0}^{k} \frac{f(x_i)}{(x_i-x_0)\cdot\cdots\cdot(x_i-x_{i-1})(x_i-x_{i+1})\cdot\cdots\cdot(x_i-x_k)} \tag{2.40}$$

即 $f(x_0, x_1, \cdots, x_k)$ 为 $f(x_0)$，$f(x_1)$，$\cdots$，$f(x_k)$ 的线性组合(可用归纳法证明)。

（2）若 $i_0, i_1, \cdots, i_k$ 为 $0, 1, \cdots, k$ 的任意排列，则

$$f(x_{i0}, x_{i1}, \cdots, x_{ik}) = f(x_0, x_1, \cdots, x_k) \tag{2.41}$$

即差商对节点具有对称性。

由差商定义，给出了相异点 $\{x_i\}_{i=0}^n$，就可按式(2.39)计算函数的各阶差商值，从而得到如表 2.1 所示差商表。

表 2.1　n 阶差商表

x_i	$f(x_i)$	一阶差商	二阶差商	三阶差商	$\cdots$	n 阶差商
x_0	$f(x_0)$	$f(x_0, x_1)$	$f(x_0, x_1, x_2)$	$f(x_0, x_1, x_2, x_3)$	$\cdots$	$f(x_0, x_1, \cdots, x_n)$
x_1	$f(x_1)$	$f(x_1, x_2)$	$f(x_1, x_2, x_3)$	$\cdots$	$\cdots$	
x_2	$f(x_2)$	$f(x_2, x_3)$	$\cdots$	$f(x_{n-3}, x_{n-2}, x_{n-1}, x_n)$		
x_3	$f(x_3)$	$\cdots$	$f(x_{n-2}, x_{n-1}, x_n)$			
$\cdots$	$\cdots$	$f(x_{n-1}, x_n)$				
x_n	$f(x_n)$					

例 2.4　$f(x) = x^4 + 1$，$x_0 = -2$，$x_1 = 0$，$x_2 = 1$，$x_3 = 2$。按差商定义，求其差商表。

解答：见表 2.2。

表 2.2　例 2.6 计算结果

x_i	$f(x_i)$	一阶差商	二阶差商	三阶差商
$x_0 = -2$	17	-8	3	1
$x_1 = 0$	1	1	7	
$x_2 = 1$	2	15		
$x_3 = 2$	17			

2.3.2　单节点多项式插值的牛顿型公式

拉格朗日形式有其固有缺点，在于没有承袭性质。当需要增加节点时，需要将原来的公式推倒重来，重新计算基函数，在实际应用中可认为是一种浪费。具有承袭性质的插值函数，应当增加插值节点时，新的插值多项式仅在原插值多项式基础上增加一项。具有承袭性质的插值形式称为牛顿(Newton)插值形式。

（1）记 $f(x)$ 关于节点 $\{x_i\}_{i=0}^n$ 的多项式插值的牛顿形式为 $N_n(x, f)$ 或简记 $N_n(x)$，再增加一个新的节点 x_{n+1} 的牛顿形式为 $N_{n+1}(x)$。

（2）由插值形式的承袭性，应有 $N_{n+1}(x)=N_n(x)+q_{n+1}(x)$。

（3）由于在节点 x_0，x_1，…，x_n 处，$N_{n+1}(x_i)=N_n(x_i)=f(x_i)$，以及 $q_{n+1}(x)\in P_{n+1}$，因此，x_0，x_1，…，x_n 为 $q_{n+1}(x)$ 的零点，且只能有 $q_{n+1}(x)=a_{n+1}(x-x_0)(x-x_1)\cdot\cdots\cdot(x-x_n)$。

（4）类似地，由 $N_n(x)=N_{n-1}(x)+q_n(x)$ 可得到 $q_n(x)=a_n(x-x_0)(x-x_1)\cdot\cdots\cdot(x-x_{n-1})$。

以此往 $n\to 0$ 倒推，$f(x)$ 以 $\{x_i\}_{i=0}^n$ 为点的 n 次插值多项式的牛顿形式，实际上是插值多项式 P_n 的一组基：1，$(x-x_0)$，$(x-x_0)(x-x_1)$，…，$(x-x_0)(x-x_1)\cdot\cdots\cdot(x-x_{n-1})$ 下的表达式。只要求出插值多项式在上述基下的坐标 a_0，a_1，…，a_n，就可得到多项式插值的牛顿形式。由插值多项式的唯一性，$f(x)$ 关于 $\{x_i\}_{i=0}^n$ 的插值多项式的拉格朗日形式与牛顿形式其实是同一个多项式，只是因为 P_n 上取了不同的基，导致表达形式不同而已。

即 $N_n(x)=L_n(x)$ 比较两边 x^n 的系数。左端牛顿形式中，x^n 系数为 a_n，而右端拉格朗日形式 $L_n(x)=\sum_{i=0}^n l_i(x)f(x_i)$ 中，x^n 系数为 $\sum_{i=0}^n\left[\dfrac{1}{\prod_{j\neq i}(x_i-x_j)}\right]f(x_i)$，于是有

$$a_n=\sum_{i=0}^n\left[\frac{1}{\prod_{j\neq i}(x_i-x_j)}\right]f(x_i)$$

$$l_i(x)=\frac{(x-x_0)(x-x_1)\cdot\cdots\cdot(x-x_{i-1})(x-x_{i+1})\cdot\cdots\cdot(x-x_n)}{(x_i-x_0)(x_i-x_1)\cdot\cdots\cdot(x_i-x_{i-1})(x_i-x_{i+1})\cdot\cdots\cdot(x_i-x_n)}$$

$$L_n(x)=\sum_{i=0}^n l_i(x)f(x_i) \tag{2.42}$$

比较差商性质（1），它恰是 $f(x)$ 关于点 x_0，x_1，…，x_n 的 n 阶差商 $f(x_0,x_1,…,x_n)$，亦即有 $a_n=f(x_0,x_1,…,x_n)$。完全类似，比较 $N_{n-1}(x)$ 与 $L_{n-1}(x)$ 的 x_{n-1} 系数，可得到 $a_{n-1}=f(x_0,x_1,…,x_{n-1})$。最终得到

$$N_n(x)=f(x_0)+f(x_0,x_1)(x-x_0)+f(x_0,x_1,x_2)(x-x_0)(x-x_1)+\cdots+$$
$$f(x_0,x_1,…,x_n)(x-x_0)(x-x_1)\cdot\cdots\cdot(x-x_{n-1}) \tag{2.43}$$

由多项式插值牛顿形式（2.43），对 $f(x)$，若给定了插值节点 $\{x_i\}_{i=0}^n$，首先可构造出 $f(x)$ 关于点 $\{x_i\}_{i=0}^n$ 的差商表（表 2.1）。然后，由差商表的最上面一排所表示的各阶差商值，作为基 1，$(x-x_0)$，$(x-x_0)(x-x_1)$，…，$(x-x_0)(x-x_1)\cdot\cdots\cdot(x-x_{n-1})$ 的坐标 (a_i) 所得的多项式，就是要求的牛顿插值形式。如例 2.4 中，已经做出了 $f(x)=x^4+1$ 关于节点 $x_0=-2$，$x_1=0$，$x_2=1$，$x_3=2$ 的差商表 2.2，推导 $f(x)$ 关于 x_0，x_1，x_2，x_3 的插值牛顿形式为

$$N_3(x)=17-8(x+2)+3(x+2)x+(x+2)x(x-1)$$

若已经得到了 $f(x)$ 关于 $\{x_i\}_{i=0}^{n}$ 的 n 次插值多项式牛顿形式 $N_n(x)$，当新增加一个节点 x_{n+1} 时，需要获得 $f(x_{n+1})$，再计算一系列差商值

$$f(x_n, x_{n+1}), \cdots, f(x_0, x_1, x_2, \cdots, x_n, x_{n+1}) \quad (\text{见表 2.3 加粗单元})$$

表 2.3 $n+1$ 阶差商表

x_i	$f(x_i)$	一阶差商	二阶差商	三阶差商	$\cdots$	N 阶差商	$N+1$ 阶差商
x_0	$f(x_0)$	$f(x_0, x_1)$	$f(x_0, x_1, x_2)$	$f(x_0, x_1, x_2, x_3)$	$\cdots$	$f(x_0, x_1, \cdots, x_n)$	$f(x_0, x_1, x_2, \cdots, x_{n+1})$
x_1	$f(x_1)$	$f(x_1, x_2)$	$f(x_1, x_2, x_3)$	$\cdots$	$\cdots$	$f(x_1, x_2, \cdots, x_{n+1})$	
x_2	$f(x_2)$	$f(x_2, x_3)$	$\cdots$	$f(x_{n-3}, x_{n-2}, x_{n-1}, x_n)$	$\cdots$		
x_3	$f(x_3)$	$\cdots$	$f(x_{n-2}, x_{n-1}, x_n)$	$f(x_{n-2}, x_{n-1}, x_n, x_{n+1})$			
$\cdots$	$\cdots$	$f(x_{n-1}, x_n)$	$f(x_{n-1}, x_n, x_{n+1})$				
x_n	$f(x_n)$	$f(x_n, x_{n+1})$					
x_{n+1}	$f(x_{n+1})$						

那么，$f(x)$ 关于节点 $\{x_i\}_{i=0}^{n+1}$ 的 $n+1$ 次插值多项式 $N_{n+1}(x)$ 只是在 $N_n(x)$ 基础上，加上项 $f(x_0, x_1, x_2, \cdots, x_n, x_{n+1})(x-x_0)(x-x_1) \cdot \cdots \cdot (x-x_n)$，即 $N_{n+1}(x) = N_n(x) + f(x_0, x_1, x_2, \cdots, x_n, x_{n+1})(x-x_0)(x-x_1) \cdot \cdots \cdot (x-x_n)$。

在 2.2 节单节点插值拉格朗日形式介绍中，已经给出误差(余项)的表示，即当 $f(x)$ 在 $[a, b]$ 上 $n+1$ 阶可导时，$R_n(x) = \dfrac{f^{(n+1)}(\xi)}{(n+1)!} \omega_n(x)$，$\xi \in (a, b)$。

2.4   差分与等距节点插值公式

2.4.1   差分及其性质

设函数 $\Delta^2 f(x_0) = \Delta f(x_1) - \Delta f(x_0)$，$y = f(x)$ 在等距节点 $x_k = x_0 + kh$ $(k = 0, 1, \cdots, n)$ 上的值 $f(x_k)$ 已知，这里 h 为常数。称：

$\Delta f(x_0) = f(x_1) - f(x_0)$ 为 $f(x)$ 在 x_0 处的一阶差分；

$\Delta^2 f(x_0) = \Delta f(x_1) - \Delta f(x_0)$ 为 $f(x)$ 在 x_0 处的二阶差分。

经一般性递推，定义

$$\Delta^k f(x_0) = \Delta^{k-1} f(x_1) - \Delta^{k-1} f(x_0) \tag{2.44}$$

为 $f(x)$ 在 x_0 处的 k 阶差分。

关于差分，有如下性质：

(1) $\Delta^k f(x_0) = \sum\limits_{i=0}^{k} (-1)^{i-1} C_k^i f(x_i)$（一般计算方式）。

以 $k = 3$ 举例推演：

$$
\begin{aligned}
\Delta^3 f(x_0) &= \Delta^2 f(x_1) - \Delta^2 f(x_0) = \Delta f(x_2) - \Delta f(x_1) - (\Delta f(x_1) - \Delta f(x_0)) \\
&= f(x_3) - f(x_2) - (f(x_2) - f(x_1)) - \\
&\quad [f(x_2) - f(x_1) - (f(x_1) - f(x_0))] \\
&= f(x_3) - 2f(x_2) + f(x_1) - f(x_2) + 2f(x_1) - f(x_0) \\
&= -f(x_0) + 3f(x_1) - 3f(x_2) + f(x_3)
\end{aligned}
$$

(2) $\Delta^k f(x_0) = k! \, h^k f(x_0, x_1, \cdots, x_k)$（已知 k 阶差商时的计算方式）。以 $k = 3$ 举例推演：

$$
\begin{aligned}
& f(x_0, x_1, x_2, x_3) \\
&= \frac{f(x_1, x_2, x_3) - f(x_0, x_1, x_2)}{x_3 - x_0} \\
&= \frac{\dfrac{f(x_2, x_3) - f(x_1, x_2)}{x_3 - x_1} - \dfrac{f(x_1, x_2) - f(x_0, x_1)}{x_2 - x_0}}{x_3 - x_0} \\
&= \frac{\dfrac{f(x_2, x_3) - f(x_1, x_2) - (f(x_1, x_2) - f(x_0, x_1))}{2h}}{3h} \\
&= \frac{\dfrac{f(x_3) - f(x_2) - (f(x_2) - f(x_1)) - [f(x_2) - f(x_1) - (f(x_1) - f(x_0))]}{h}}{3 \times 2 \times h^2} \\
&= \frac{-f(x_0) + 3f(x_1) - 3f(x_2) + f(x_3)}{3 \times 2 \times 1 \times h^3} = \frac{\Delta^3 f(x_0)}{3! \, h^3}
\end{aligned}
$$

即 $\Delta^3 f(x_0) = 3! \, h^3 f(x_0, x_1, \cdots, x_3)$。

(3) k 阶多项式 $f(x)$，在不同点的 k 阶差分取同一常数值,而高于 k 阶的差分为零。

证明： 由差分性质(2),得 $\Delta^k f(x_0) = k! \, h^k f(x_0, x_1, \cdots, x_k)$,由差商性质(2),得 $f(x_0, x_1, \cdots, x_k) = f(x_1, x_0, \cdots, x_k)$

得
$$\Delta^k f(x_0) = \Delta^k f(x_1) \tag{2.45}$$

由 $f(x)$ 在 $[a, b]$ 上存在 n 阶导数,节点 $x_0, x_1, \cdots, x_k \in [a, b]$,则 k 阶差商与函数导数的关系为 $f(x_0, x_1, \cdots, x_k) = \dfrac{f^{(k)}(\xi)}{k!}, \xi \in [a, b]$。

注：n 阶差商与导数关系的证明,见本书参考文献[5]。

$$\Delta^k f(x_0) = k! \ h^k \frac{f^{(k)}(\xi)}{k!} = h^k f^{(k)}(\xi) \tag{2.46}$$

$f(x)$ 为 k 次多项式，k 次导数后为常值，高于 k 阶为零。

类似于差商表，同样可以构造差分表 2.4。

表 2.4　差分表

x_i	$f(x_i)$	$\Delta f(x_i)$	$\Delta^2 f(x_i)$	$\Delta^3 f(x_i)$	$\cdots$	$\Delta^n f(x_i)$
x_0	$f(x_0)$	$\Delta f(x_0)$	$\Delta^2 f(x_0)$	$\Delta^3 f(x_0)$	$\cdots$	$\Delta^n f(x_0)$
x_1	$f(x_1)$	$\Delta f(x_1)$	$\Delta^2 f(x_1)$	$\cdots$	$\cdots$	
x_2	$f(x_2)$	$\Delta f(x_2)$	$\cdots$	$\Delta^3 f(x_{n-3})$		
x_3	$f(x_3)$	$\cdots$	$\Delta^2 f(x_{n-2})$			
$\cdots$	$\cdots$	$\Delta f(x_{n-1})$				
x_n	$f(x_n)$					

2.4.2　等距节点多项式插值的牛顿型公式

插值问题中经常遇到节点为等距的情况，利用差分可简化插值公式。引入变量 t，设 $x = x_0 + th$，则以等距节点 $\{x_i\}_{i=0}^n$ 的插值多项式牛顿形式为

$$N_n(x_0 + th) = f(x_0) + f(x_0, x_1)th + f(x_0, x_1, x_2)t(t-1)h^2 + \cdots + f(x_0, x_1, \cdots, x_n)t(t-1)\cdot\cdots\cdot(t-n+1)h^n \tag{2.47}$$

由差分性质(2)：$\Delta^k f(x_0) = k! \ h^k f(x_0, x_1, \cdots, x_k)$，可得

$$N_n(x_0 + th) = f(x_0) + \Delta f(x_0)t + \frac{\Delta^2 f(x_0)}{2!}t(t-1) + \cdots + \frac{\Delta^n f(x_0)}{n!}t(t-1)\cdot\cdots\cdot(t-n+1) \tag{2.48}$$

公式(2.48)即为等距节点牛顿插值公式，给定 x，得相应 t，得插值函数在 x 处的值。

若 $f(x) \in C^{n+1}[a, b]$，则插值误差表示为

$$R_n(x) = \frac{f^{(n+1)}(\xi)}{(n+1)!}(x-x_0)(x-x_1)\cdot\cdots\cdot(x-x_n)$$
$$= \frac{f^{(n+1)}(\xi)}{(n+1)!}(x_0+th-x_0)(x_0+th-x_0-1h)\cdot\cdots\cdot(x_0+th-x_0+nh)$$
$$= \frac{f^{(n+1)}(\xi)}{(n+1)!}(th)(th-1h)\cdot\cdots\cdot(th-nh)$$
$$= R_n(x_0+th) = \frac{f^{(n+1)}(\xi)}{(n+1)!}h^{n+1}t(t-1)\cdot\cdots\cdot(t-n), \ \xi \in (a, b) \tag{2.49}$$

2.5 埃尔米特插值

本节讨论另一类插值问题,这类插值在给定的节点处,不但要求插值多项式的函数值与被插函数的函数值相同,同时还要求在节点处,插值多项式的一阶甚至多阶导数值,也与被插函数的相应阶导数值相等,这样的插值称为埃尔米特(Hermite)插值。

埃尔米特插值在不同的节点,提出的插值条件个数可以不同。若在某节点 x_i,要求插值多项式的函数值,一阶导数甚至 M_i-1 阶导数值均与被插函数值及相应导数值相等。称此 x_i 为 M_i 重插值节点。说明埃尔米特插值需要两组数,一为插值节点 $\{x_i\}_{i=0}^n$,另外为分别对应各个 x_i 的重数标号 $\{M_i\}_{i=0}^n$,有 $(M_i<n+1)$。埃尔米特插值旨在插值函数更加接近被插函数,为保证其存在唯一性,埃尔米特插值也为多项式插值。

定义 2.2 f 为 $[a,b]$ 上充分光滑函数,对给定的插值节点 $\{x_i\}_{i=0}^n$ 及相应重数标号 $\{M_i\}_{i=0}^n$,若满足

$$H^{(l)}(x_i)=f^{(l)}(x_i) \quad (l=0,1,\cdots,M_i-1; i=0,1,\cdots n) \tag{2.50}$$

则称 $H(x)$ 为 $f(x)$ 关于节点 $\{x_i\}_{i=0}^n$ 及重数标号 $\{M_i\}_{i=0}^n$ 的埃尔米特插值多项式。

2.5.1 函数值与一阶导数值数量相等情况

常用的埃尔米特插值为 $M_i=2$ 情况,即给定的插值节点均为二重节点。即有 $f(x)\in C^2[a,b]$ 及插值节点 $\{x_i\}_{i=0}^n$,若有 $H_{2n+1}(x)\in P_{2n+1}(x)$,满足 $H_{2n+1}(x_i)=f(x_i)$,$H'_{2n+1}(x_i)=f'(x_i)$,$i=0,1,\cdots,n$,就称 $H_{2n+1}(x)$ 为 $f(x)$ 关于节点 $\{x_i\}_{i=0}^n$ 的二重埃尔米特插值多项式。

设在节点 $a\leqslant x_0<x_1<\cdots<x_n\leqslant b$,$y_j=f(x_j)$ 上,$m_j=f'(x_j)(j=0,1,2,\cdots,n)$,问题是求插值多项式 $H(x)$,满足条件

$$H(x_j)=y_j, H'(x_j)=m_j \quad (j=0,1,2,\cdots,n) \tag{2.51}$$

这里共有 $2n+2$ 个插值条件,可唯一确定一个次数不超过 $2n+1$ 的插值多项式 $H_{2n+1}(x)=H(x)$,其通常形式为

$$H_{2n+1}(x)=a_0+a_1x+\cdots+a_{2n+1}x^{2n+1} \tag{2.52}$$

现在仍采用求拉格朗日插值多项式的基函数方法。先求出 $2n+2$ 个插值基函数 $\alpha_j(x)$ 及 $\beta_j(x)$ $(j=0,1,\cdots,n)$,每个基函数都是 $2n+1$ 次多项式。

满足条件

$$\alpha_j(x_k)=\delta_{jk}=\begin{cases}0, j\neq k \\ 1, j=k\end{cases} \quad \alpha'_j(x_k)=0$$

$$\beta_j(x_k)=0,\ \beta'_j(x_k)=\delta_{jk} \quad (j,\ k=0,\ 1,\ \cdots,\ n) \tag{2.53}$$

将满足条件(2.51)的插值多项式 $H_{2n+1}(x)=H(x)$ 写成用插值基函数表示的形式,即

$$H_{2n+1}(x)=\sum_{j=0}^{n}\big[y_j\alpha_j(x)+m_j\beta_j(x)\big] \tag{2.54}$$

由插值基函数所满足的条件(2.53),有

$$H_{2n+1}(x_k)=y_k=f(x_k),\ H'_{2n+1}(x_k)=m_k=f'(x_k) \quad (k=0,\ 1,\ \cdots,\ n) \tag{2.55}$$

下面的问题就是如何求出这些基函数 $\alpha_j(x)$,$\beta_j(x)$。

利用拉格朗日插值基函数,$\alpha_j(x)$ 为 $2n+1$ 阶,$l_j(x)$ 为 n 阶,且都为多项式。令 $\alpha_j(x)=(ax+b)l_j^2(x)$。由条件(2.53),有

$$\alpha_j(x_j)=(ax_j+b)l_j^2(x_j)=1,\ \alpha'_j(x_j)=c(x_j)\big[al_j(x_j)+2(ax_j+b)l'_j(x_j)\big]=0 \tag{2.56}$$

又

$$(f^2(x))'=2f(x)(f(x))' \tag{2.57}$$

整理得

$$\left.\begin{aligned}ax_j+b&=1\\a+2l'_j(x_j)&=0\end{aligned}\right\} \tag{2.58}$$

解得

$$a=-2l'_j(x_j),\ b=1+2x_jl'_j(x_j)$$

由于

$$l_j(x)=\frac{(x-x_0)\cdot\cdots\cdot(x-x_{j-1})(x-x_{j+1})\cdot\cdots\cdot(x-x_n)}{(x_j-x_0)\cdot\cdots\cdot(x_j-x_{j-1})(x_j-x_{j+1})\cdot\cdots\cdot(x_j-x_n)}$$

两端取对数再求导,得

$$l'_j(x_j)=\sum_{\substack{k=0\\k\neq j}}^{n}\frac{1}{x_j-x_k} \tag{2.59}$$

于是

$$\alpha_j(x)=\Big[1-2(x-x_j)\sum_{\substack{i=0\\i\neq j}}^{n}\frac{1}{x_j-x_i}\Big]l_j^2(x) \tag{2.60}$$

同理可得

$$\beta_j(x)=(x-x_j)l_j^2(x) \tag{2.61}$$

可以证明满足条件式(2.51)的(埃尔米特)插值多项式是唯一的。

证明(反证法):

假设:$H_{2n+1}(x)$ 及 $\overline{H}_{2n+1}(x)$ 均满足条件式(2.51),于是 $\varphi(x)=H_{2n+1}(x)-\overline{H}_{2n+1}(x)$ 在每个节点 x_k 上的值及导数值均为零,即 x_k 为二重根。这样,$\varphi(x)$ 有 $2n+2$ 重根,但 $\varphi(x)$ 是不高于 $2n+1$ 次的多项式,故 $\varphi(x)\equiv0$ 唯一性成立。

仿照拉格朗日插值余项的证明方法,可以证明:若 $f(x)$ 在 (a,b) 内 $2n+2$ 阶导数存在,则其插值余项

$$R(x) = f(x) - H_{2n+1}(x) = \frac{f^{(2n+2)}(\xi)}{(2n+2)!} \omega_n^2(x), \; \xi \in (a, b) \tag{2.62}$$

插值多项式 (2.63)，即 $H_{2n+1}(x) = \sum_{j=0}^{n} [y_j \alpha_j(x) + m_j \beta_j(x)]$ 的重要特例是 $n = 1$ 的情形。这时可取节点为 x_k 及 x_{k+1}，插值多项式为 $H_3(x)$，满足

$$\left. \begin{array}{l} H_3(x_k) = y_k, \; H_3(x_{k+1}) = y_{k+1} \\ H_3'(x_k) = m_k, \; H_3'(x_{k+1}) = m_{k+1} \end{array} \right\} \tag{2.63}$$

相应的插值基函数为 $\alpha_k(x)$，$\alpha_{k+1}(x)$，$\beta_k(x)$，$\beta_{k+1}(x)$。根据 $\alpha_j(x)$ 及 $\beta_j(x)$ 的一般表达式 (2.60) 及式 (2.61) 可以得到

$$\left. \begin{array}{l} \alpha_k(x) = \left(1 + 2\dfrac{x - x_k}{x_{k+1} - x_k}\right)\left(\dfrac{x - x_{k+1}}{x_k - x_{k+1}}\right)^2 \\[3mm] \alpha_{k+1}(x) = \left(1 + 2\dfrac{x - x_{k+1}}{x_k - x_{k+1}}\right)\left(\dfrac{x - x_k}{x_{k+1} - x_k}\right)^2 \end{array} \right\} \tag{2.64}$$

$$\left. \begin{array}{l} \beta_k(x) = (x - x_k)\left(\dfrac{x - x_{k+1}}{x_k - x_{k+1}}\right)^2 \\[3mm] \beta_{k+1}(x) = (x - x_{k+1})\left(\dfrac{x - x_k}{x_{k+1} - x_k}\right)^2 \end{array} \right\} \tag{2.65}$$

于是满足条件式 (2.63) 的插值多项式是

$$H_3(x_k) = y_k \alpha_k(x) + y_{k+1}\alpha_{k+1}(x) + m_k \beta_k(x) + m_{k+1}\beta_{k+1}(x) \tag{2.66}$$

其余项 $R_3(x) = f(x) - H_3(x)$，由式 (2.62) 得

$$R_3(x) = \frac{1}{4!} f^4(\xi)(x - x_k)^2(x - x_{k+1})^2, \; \xi \in (x_k, x_{k+1}) \tag{2.67}$$

2.5.2 函数值与导数值个数不等情况

例 2.5 求满足 $P(x_j) = f(x_j)(j = 0, 1, 2)$ 及 $P'(x_1) = f'(x_1)$ 的插值多项式及其余项表达式。

解答： 由给定的 4 个条件，可确定阶数不超过 3 的插值多项式。由于此多项式通过点 $(x_0, f(x_0))$，$(x_1, f(x_1))$，$(x_2, f(x_2))$，故其形式为

$$\begin{aligned} P(x) = &f(x_0) + f[x_0, x_1](x - x_0) + \\ &f[x_0, x_1, x_2](x - x_0)(x - x_1) + \\ &A(x - x_0)(x - x_1)(x - x_2) \end{aligned} \tag{2.68}$$

待定常数 A，可由条件 $P'(x_1) = f'(x_1)$ 确定，通过计算可得

$$A = \frac{f'(x_1) - f[x_0, x_1] - (x_1 - x_0) f[x_0, x_1, x_2]}{(x_1 - x_0)(x_1 - x_2)} \tag{2.69}$$

为了求出余项 $R(x) = f(x) - P(x)$ 可设表达式

$$R(x) = k(x)(x - x_0)(x - x_1)^2(x - x_2) \tag{2.70}$$

其中 $k(x)$ 为待定函数。令 x 为 (a, b) 上一节点,t 为变量,构造

$$\varphi(t) = f(t) - P(t) - k(x)(t - x_0)(t - x_1)^2(t - x_2) \tag{2.71}$$

显然 $\varphi(x_j) = 0$ $(j = 0, 1, 2)$,且 $\varphi'(x_1) = 0$,$\varphi(x) = 0$,故 $\varphi(t)$ 在 (a, b) 内有 5 个零点。反复应用罗尔定理,得 $\varphi^{(4)}(t)$ 在 (a, b) 内至少有一个零点 ξ,故有

$$\varphi^{(4)}(\xi) = f^{(4)}(\xi) - 4! \, k(x) = 0 \tag{2.72}$$

于是 $k(x) = \dfrac{1}{4!} f^{(4)}(\xi)$,余项表达式为

$$R(x) = \frac{1}{4!} f^{(4)}(\xi)(x - x_0)(x - x_1)^2(x - x_2) \tag{2.73}$$

其中 $\xi \in (a, b)$ 且与 x 有关。

2.6 分段低次插值

2.6.1 高次插值的病态性质(龙格现象)

前节根据区间 $[a, b]$ 给出节点插值多项式如 $L_n(x)$ 近似 $f(x)$,一般总认为插值点越多,导致 $L_n(x)$ 的次数 n 越高,逼近 $f(x)$ 的精度越高,实际上并非如此。实际上对于任意插值节点,$n \to \infty$ 时,$L_n(x)$ 不一定收敛于 $f(x)$,20 世纪初龙格(Runge)就给出了一个等距节点插值多项式 $L_n(x)$ 不完全收敛于 $f(x)$ 案例。

如函数为 $f(x) = 1/(1 + x^2)$,它在 $[-5, +5]$ 上各阶导数都是存在的,在 $[-5, +5]$ 上取 $n + 1$ 个等距节点,$x_k = -5 + 10\dfrac{k}{n}$ $(k = 0, 1, \cdots, n)$,所构造的拉格朗日多项式为 $L_n(x) = \displaystyle\sum_{i=0}^{n} \frac{1}{1 + x_i^2} \frac{\omega_{n(x)}}{(x - x_i)\omega_n'(x_i)}$。

若在每个 n 情况下,取一点 $x_{n-1/2} = \dfrac{1}{2}(x_{n-1} + x_n)$,则 $x_n = 5 - \dfrac{5}{n}$,表 2.5 给出了 $n = 2, 4, \cdots, 20$ 几种情况下 $L_n(x_{n-1/2})$ 的插值函数计算结果,被插函数 $f(x_{n-1/2})$ 值及误差 $R_n(x_{n-1/2})$。可以看出,随着 n 的增加,误差几乎成倍增加。

表 2.5 计算结果及误差

n	$f(x_{n-1/2})$	$L_n(x_{n-1/2})$	$R_n(x_{n-1/2})$
2	0.137 931	0.759 615	−0.621 684
4	0.066 390	−0.356 826	0.423 216
6	0.054 463	0.607 879	−0.553 416
8	0.049 651	−0.831 017	0.880 668
10	0.047 059	1.578 721	−1.531 662
12	0.045 440	−2.755 000	2.800 440
14	0.044 334	5.332 743	−5.288 409
16	0.043 530	−10.173 867	10.217 397
18	0.042 920	20.123 671	−20.080 751
20	0.042 440	−39.952 449	39.994 889

取区间 $[-5,5]$，构造 $L_2(x)$，$L_4(x)$，$L_6(x)$，$L_8(x)$，$L_{10}(x)$，与 $f(x)$ 比较，作图 2.2，可以非常清楚地看出，随着 n 的增加，误差增加。通常次数越高，误差往往越大；若将 $(x_i, f(x_i))$ 点用分段折线连接，逼近效果将好很多，这就是将要讨论的分段低次插值。

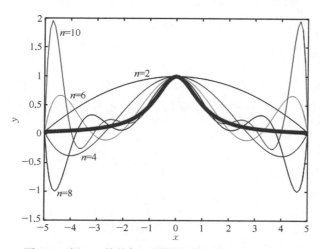

图 2.2 例 2.9 拉格朗日插值曲线与原函数曲线对比

2.6.2 分段线性插值

用折线段连接逼近的方法，其实就是分段线性插值（一阶多项式）。对给定区间 $[a, b]$ 作分割：$a = x_0 < x_1 < x_2 < \cdots < x_n = b$，在每个小区间 $[x_i, x_{i+1}]$ 上作以 x_i，x_{i+1} 为插值节点的线性插值，记这个插值函数序列为 $S_i(x)$，则有

$$S_i(x) = \frac{x - x_{i+1}}{x_i - x_{i+1}} f(x_i) + \frac{x - x_i}{x_{i+1} - x_i} f(x_{i+1}), \ x_i < x < x_{i+1} \tag{2.74}$$

把每个区间 $[x_i, x_{i+1}]$ 上的线性插值函数 $S_i(x)$ 连接起来,即得到 $f(x)$ 以节点 $a = x_0 < x_1 < x_2 < \cdots < x_n = b$ 的分段线性插值函数。记此分段线性插值函数为 $P(x)$,有如下特点:

(1) $P(x)$ 在 $[a, b]$ 上连续;

(2) $P(x)$ 在 $[x_i, x_{i+1}]$ 上为不高于 1 次的多项式。

若被插函数 $f(x)$ 的二阶导数在 $[a, b]$ 上连续,则线性插值误差为

$$f(x) - P(x) = f(x) - S_i(x) = \frac{f^{(2)}(\xi)}{2!}(x - x_i)(x - x_{i+1}) \tag{2.75}$$

设 $M_2 = \max\limits_{a \leqslant x \leqslant b} |f^{(2)}(x)|$,则

$$|f(x) - P(x)| \leqslant \frac{M_2}{2} |(x - x_i)(x - x_{i+1})| \leqslant \frac{M_2}{2} \cdot \frac{1}{4}(x_{i+1} - x_i)^2$$

$$\leqslant \frac{M_2}{8} \cdot \max(x_{i+1} - x_i)^2 \tag{2.76}$$

当区间分割加密时,尽管 n 增加,但因依赖分段插值,$\max(x_{i+1} - x_i)^2$ 趋向于零,分段插值将收敛于 $f(x)$。分段线性插值仅在中间节点上函数值相等,尽管具收敛性,但却不光滑。

2.6.3 分段三次埃尔米特插值

同样,对给定区间 $[a, b]$ 作分割:$a = x_0 < x_1 < x_2 < \cdots < x_n = b$,在每个小区间 $[x_i, x_{i+1}]$ 上作以 x_i,x_{i+1} 为插值节点的二重埃尔米特插值,并记这个插值函数序列为 $S_i(x)$,则有

$$S_i(x) = \left(1 - 2\frac{x - x_i}{x_i - x_{i+1}}\right)\left(\frac{x - x_{i+1}}{x_i - x_{i+1}}\right)^2 f(x_i) +$$

$$\left(1 - 2\frac{x - x_{i+1}}{x_{i+1} - x_i}\right)\left(\frac{x - x_i}{x_{i+1} - x_i}\right)^2 f(x_{i+1}) +$$

$$(x - x_i)\left(\frac{x - x_{i+1}}{x_i - x_{i+1}}\right)^2 f'(x_i) + (x - x_{i+1})\left(\frac{x - x_i}{x_{i+1} - x_i}\right)^2 f'(x_{i+1}) \tag{2.77}$$

令 $h_{i+1} = x_{i+1} - x_i$,则上式化为

$$S_i(x) = \frac{1}{h_{i+1}^3}[h_{i+1} + 2(x - x_i)](x - x_{i+1})^2 f(x_i) +$$

$$\frac{1}{h_{i+1}^3}[h_{i+1} + 2(x - x_{i+1})](x - x_i)^2 f(x_{i+1}) +$$

$$\frac{1}{h_{i+1}^2}(x-x_i)(x-x_{i+1})^2 f'(x_i)+$$

$$\frac{1}{h_{i+1}^2}(x-x_{i+1})(x-x_i)^2 f'(x_{i+1}) \tag{2.78}$$

把每个区间 $[x_i, x_{i+1}]$ 上的三次插值函数 $S_i(x)$ 连接起来,即得到 $f(x)$ 以节点 $a = x_0 < x_1 < x_2 < \cdots < x_n = b$ 的分段三次插值函数。记此分段线性插值函数为 $H(x)$,有如下特点:

(1) $H'(x)$ 在 $[a, b]$ 上连续。

(2) $H(x)$ 在每个区间 $[x_i, x_{i+1}]$ 上为不高于三次的多项式。

若被插函数 $f(x)$ 的四阶导数在 $[a, b]$ 上连续,则三次插值误差为

$$f(x)-H(x)=f(x)-S_i(x)=\frac{f^{(4)}(\xi)}{4!}(x-x_i)^2(x-x_{i+1})^2 \tag{2.79}$$

设 $M_4 = \max\limits_{a \leqslant x \leqslant b}|f^{(4)}(x)|$,则

$$|f(x)-H(x)| \leqslant \frac{M_4}{4!}(x-x_i)^2(x-x_{i+1})^2 \leqslant \frac{M_4}{4!} \cdot \frac{(x_{i+1}-x_i)^4}{2^4}$$

$$\leqslant \frac{M_4}{384} \cdot \max(x_{i+1}-x_i)^4 \leqslant \frac{M_4}{384} \cdot \max h_{i+1}^4 \tag{2.80}$$

当区间分割加密时,尽管 n 增加,但因依赖分段插值, $\max h_{i+1}^4$ 趋向于零,分段插值将收敛于 $f(x)$。 分段三次插值在中间节点上函数值和一阶导数值都相等,但光滑程度还不够。

2.7　三次样条插值

2.7.1　三次样条函数与三次样条插值

上节提到的分段低次插值(线性/三次埃尔米特)具有很好的收敛性质。但在每段小区间内仅为低阶多项式,使得插值曲线光滑性不够理想。在工业设计中,对曲线光滑性均有一定要求,如飞机、船舶、汽车等外形设计中,要求外形曲线呈流线型,分段低次插值不能满足光滑条件。设想一条逼近曲线,在节点上与被插函数具有相同值,相邻节点之间为一条三次曲线,连贯起来的整条曲线同时为二阶导数连续函数,这就是三次样条函数或三次样条插值。

定义 2.3　对给定区间 $[a, b]$ 作分割: $a = x_0 < x_1 < x_2 < \cdots < x_n = b$。

(1) 在整个区间 $[a, b]$ 上某函数 $S(x)$ 二阶导数连续。

(2) 在每个小区间 $[x_i, x_{i+1}]$ 上每个函数 $S_i(x)$ 为不高于三次的多项式。

则称 $S(x)$ 为上述区间分割上的三次样条函数。

定义 2.4 对给定区间 $[a,b]$ 作分割：$a=x_0<x_1<x_2<\cdots<x_n=b$。

(1) 在整个区间 $[a,b]$ 上插值某函数 $S(x)$ 二阶导数连续。

(2) 在每个小区间 $[x_i,x_{i+1}]$ 上每个函数 $S_i(x)$ 为不高于三次的多项式。

(3) 同时满足 $S(x_i)=f(x_i)$，$i=0,1,\cdots,n$。

则称 $S(x)$ 为 $f(x)$ 在上述区间分割上的三次样条插值函数。

容易证明，$[a,b]$ 上三次样条函数维度为 $n+3$，因此满足 $n+1$ 个条件 $S(x_i)=f(x_i)$，$i=0,1,\cdots,n$ 的三次样条插值函数有无穷多个，为了获得唯一的三次样条插值函数，还需要提出另外两个限制条件，这两个条件一般在端点提出，它可以是三次样条插值函数 $S(x)$ 两个端点的一阶导数要求，也可以是二阶导数要求，具体提法取决于实际问题的需要。

2.7.2 三次样条插值的 m 关系式

对给定区间 $[a,b]$ 分割，$S(x)$ 二阶导数连续，则存在一阶函数值 $S'(x_i)=m_i$；设置 $S(x)$ 在每个区间的表达为 $S_i(x)$，则有

$$\left.\begin{array}{ll} S_i(x_i)=f(x_i), & S_i(x_{i+1})=f(x_{i+1}) \\ S_i'(x_i)=m_i, & S_i'(x_{i+1})=m_{i+1} \end{array}\right\} \tag{2.81}$$

参照式(2.78)，每小区间借鉴三次埃尔米特插值，有

$$\begin{aligned} S_i(x)=&\frac{1}{h_{i+1}^3}[h_{i+1}+2(x-x_i)](x-x_{i+1})^2 f(x_i)+\\ &\frac{1}{h_{i+1}^3}[h_{i+1}+2(x-x_{i+1})](x-x_i)^2 f(x_{i+1})+\\ &\frac{1}{h_{i+1}^2}(x-x_i)(x-x_{i+1})^2 m_i+\\ &\frac{1}{h_{i+1}^2}(x-x_{i+1})(x-x_i)^2 m_{i+1} \end{aligned} \tag{2.82}$$

其中 m_i，m_{i+1} 未知。

在 $[x_i,x_{i+1}]$ 对 $S_i(x)$ 求二次导数，有

$$\begin{aligned} S_i''(x)=&\frac{6}{h_{i+1}^3}[h_{i+1}+2(x-x_{i+1})]f(x_i)+\frac{6}{h_{i+1}^3}[h_{i+1}+2(x-x_i)]f(x_{i+1})+\\ &\frac{1}{h_{i+1}^2}[6(x-x_{i+1})+2h_{i+1}]m_i+\frac{1}{h_{i+1}^2}[6(x-x_i)+2h_{i+1}]m_{i+1} \end{aligned} \tag{2.83}$$

同样，在 $[x_{i-1},x_i]$ 对 $S_{i-1}(x)$ 求二次导数，有

$$\begin{aligned} S_{i-1}''(x)=&\frac{6}{h_i^3}[h_i+2(x-x_i)]f(x_{i-1})+\frac{6}{h_{i1}^3}[h_i+2(x-x_{i-1})]f(x_i)+\\ &\frac{1}{h_i^2}[6(x-x_i)+2h_i]m_{i-1}+\frac{1}{h_i^2}[6(x-x_{i-1})+2h_i]m_i \end{aligned} \tag{2.84}$$

因为 $S(x)$ 二阶导数在 $[a, b]$ 上连续，故 $S_i''(x_i) = S_{i-1}''(x_i)$，整理后得关系式

$$\frac{h_i}{h_i + h_{i+1}} m_{i-1} + 2m_i + \frac{h_{i+1}}{h_i + h_{i+1}} m_{i+1}$$

$$= 3\left(\frac{h_i}{h_i + h_{i+1}} \frac{f(x_i) - f(x_{i-1})}{h_i} + \frac{h_{i+1}}{h_i + h_{i+1}} \frac{f(x_{i+1}) - f(x_i)}{h_{i+1}} \right) \tag{2.85}$$

引入记号

$$\lambda_i = \frac{h_i}{h_i + h_{i+1}}$$

$$\mu_i = 1 - \lambda_i = \frac{h_{i+1}}{h_i + h_{i+1}}$$

$$C_i = 3\left(\frac{h_i}{h_i + h_{i+1}} \frac{f(x_i) - f(x_{i-1})}{h_i} + \frac{h_{i+1}}{h_i + h_{i+1}} \frac{f(x_{i+1}) - f(x_i)}{h_{i+1}} \right.$$

$$= 3[\lambda_i f(x_{i-1}, x_i) + \mu_i f(x_i, x_{i+1})] \tag{2.86}$$

则

$$\lambda_i m_{i-1} + 2m_i + \mu_i m_{i+1} = C_i, \quad i = 1, 2, \cdots, n-1 \tag{2.87}$$

式 (2.87) 对于每个内节点都成立，称之为三次样条插值的 m 关系式。

m 关系式有 $n-1$ 个方程，但未知量有 $n+1$ 个（多出 m_0, m_n）。通常须再加上两个端点条件，即可解得 $\{m_i\}_{i=0}^n$，以获得每个小区间 $S_i(x)$ 以及整个 $S(x)$。端点条件通常三种提法：

（1）$S(x)$ 的两端一阶导数为预先给定的值，可以是 $m_0 = f'(x_0)$, $m_n = f'(x_n)$，也可以 m_0, m_n 为指定值；当 m_0 取 $f'(x_0)$, m_n 取 $f'(x_n)$ 时，称为固支边条件。

对于此种条件，只须求出内节点上 m_i 的值，即可构建 m 关系式，并构建 $S(x)$，m_i 值可通过下列线性方程组获取：

$$\begin{bmatrix} \lambda_1 & 2 & \mu_1 & 0 & 0 \\ 0 & \lambda_2 & 2 & \mu_2 & 0 \\ 0 & 0 & \ddots & \ddots & \ddots & 0 \\ 0 & 0 & 0 & \lambda_{n-1} & 2 & \mu_{n-1} \end{bmatrix} \begin{bmatrix} m_0 \\ m_1 \\ \vdots \\ m_{n-1} \\ m_n \end{bmatrix} = \begin{bmatrix} C_0 \\ C_1 \\ \vdots \\ C_{n-1} \\ C_n \end{bmatrix} \tag{2.88}$$

式 (2.88) 为 $n-1$ 维方程组，同时有 $(n+1-2=n-1)$ 个未知数。

（2）$S(x)$ 两端的二阶导数为预先给定的值，可以是 $M_0 = f''(x_0)$, $M_n = f''(x_n)$，也可以 M_0, M_n 为指定值。M_0, M_n 称为矩，都等于 0 时，边界条件称为自然边界条件。

由 $S''(x)$ 在 $[x_i, x_{i+1}]$ 上的表达式 (2.83)，可以得到（多出 $i=0$ 和 $i=n$ 情况）

$$2m_0 + 1m_1 + 0m_2 = 3f(x_0, x_1) - \frac{h_1}{2} M_0$$

$$1m_{n-1}+2m_n+0m_{n+1}=3f(x_{n-1},x_n)+\frac{h_n}{2}M_n \tag{2.89}$$

则直接通过如下线性方程组，获得 m_i 的值：

$$\begin{bmatrix} 2 & 1 & & & \\ \lambda_1 & 2 & \mu_1 & & \\ & \ddots & \ddots & \ddots & \\ & & \lambda_{n-1} & 2 & \mu_{n-1} \\ & & & 1 & 2 \end{bmatrix}\begin{bmatrix} m_0 \\ m_1 \\ \vdots \\ m_{n-1} \\ m_n \end{bmatrix}=\begin{bmatrix} 3f(x_0,x_1)-\frac{h_1}{2}M_0 \\ C_1 \\ \vdots \\ C_{n-1} \\ 3f(x_{n-1},x_n)-\frac{h_n}{2}M_n \end{bmatrix} \tag{2.90}$$

（3）$S(x)$ 为以 $b-a$ 为周期的周期函数。因为 $S(x_0)=S(x_n)$，所以 $f(x_0)=f(x_n)$，即 $S'(x_0)=S'(x_n)$，$S''(x_0)=S''(x_n)$。

令 $i=0$，得到 $\lambda_0 m_{-1}+2m_0+\mu_0 m_1=C_0$，即

$$2m_0+\mu_0 m_1+\lambda_0 m_{n-1}=C_0 \tag{2.91}$$

令 $i=n$，得到 $\lambda_n m_{n-1}+2m_n+\mu_n m_{n+1}=C_n$，即

$$\mu_n m_1+\lambda_n m_{n-1}+2m_n=C_n \tag{2.92}$$

最终获得如下线性方程组：

$$\begin{bmatrix} 2 & \mu_0 & & & \lambda_0 \\ \lambda_1 & 2 & \mu_1 & & \\ & \ddots & \ddots & \ddots & \\ & & \lambda_{n-1} & 2 & \mu_{n-1} \\ \mu_n & & & \lambda_n & 2 \end{bmatrix}\begin{bmatrix} m_0 \\ m_1 \\ \vdots \\ m_{n-1} \\ m_n \end{bmatrix}=\begin{bmatrix} C_0 \\ C_1 \\ \vdots \\ C_{n-1} \\ C_n \end{bmatrix} \tag{2.93}$$

此处

$$\lambda_0=\frac{h_0}{h_0+h_1}=\frac{h_n}{h_n+h_1},\ \mu_0=1-\lambda_0=\frac{h_1}{h_n+h_1}$$

$$\lambda_n=\frac{h_n}{h_n+h_{n+1}}=\frac{h_n}{h_n+h_1},\ \mu_n=1-\lambda_n=\frac{h_1}{h_n+h_1}$$

$$C_0=3[\lambda_0 f(x_{-1},x_0)+\mu_0 f(x_0,x_1)]=3[\lambda_0 f(x_{n-1},x_n)+\mu_0 f(x_0,x_1)]$$

$$C_n=3[\lambda_n f(x_{n-1},x_n)+\mu_0 f(x_n,x_{n+1})]=3[\lambda_0 f(x_{n-1},x_n)+\mu_0 f(x_0,x_1)]$$

2.7.3　三次样条插值的 M 关系式

对给定区间 $[a,b]$ 分割，若 $S(x)$ 二阶导数连续，也可以通过如下条件：

$$S_i(x_i) = f(x_i), \ S_i(x_{i+1}) = f(x_{i+1})$$
$$S_i''(x_i) = M_i, \ S_i''(x_{i+1}) = M_{i+1} \tag{2.94}$$

即通过 M_i 来构建 M 关系式,进而获得 $S(x)$。

每小区间借鉴三次埃尔米特插值,有

$$S_i(x) = \frac{x_{i+1} - x}{h_{i+1}} f(x_i) + \frac{x - x_i}{h_{i+1}} f(x_{i+1}) + \frac{1}{6h_{i+1}}(x - x_i)(x - x_{i+1})$$
$$(2x_{i+1} - x_i - x)M_i + \frac{1}{6h_{i+1}}(x - x_i)(x - x_{i+1})$$
$$(x + x_{i+1} - 2x_i)M_{i+1} \tag{2.95}$$

其中 M_i, M_{i+1} 未知。

在内节点上,由 $S_i'(x_i) = S_{i-1}'(x_i)$ 可得到

$$f(x_i, x_{i+1}) - \frac{h_{i+1}}{3}M_i - \frac{h_{i+1}}{6}M_{i+1} = f(x_{i-1}, x_i) + \frac{h_i}{3}M_{i-1} + \frac{h_i}{6}M_i \tag{2.96}$$

原记号 $\lambda_i = \dfrac{h_i}{h_i + h_{i+1}}$, $\mu_i = 1 - \lambda_i = \dfrac{h_{i+1}}{h_i + h_{i+1}}$ 不变。

令 $d_i = 6f(x_{i-1}, x_i, x_{i+1})$,可得到

$$\mu_i M_{i-1} + 2M_i + \lambda_i M_{i+1} = d_i \quad (i = 1, 2, \cdots, n-1) \tag{2.97}$$

式(2.97)称为样条插值的 M 关系式,加上两个端点条件,即可解得 $\{M_i\}_{i=0}^n$,进而结合式(2.95)获得 $S_i(x)$,以及 $S(x)$。

下面同样基于三种端点条件,给出 M_i 的求解方法。

(1) 给定 $S'(x_0) = m_0$, $S'(x_n) = m_n$。

对 $i = 0$ 和 $i = n-1$ 时的表达式(2.95)求导,分别将 x_0, x_n 代入,整理后得到

$$\left. \begin{array}{l} 2M_0 + M_1 = \dfrac{6}{h_1}[f(x_0, x_1) - m_0] \\[3mm] M_{n-1} + 2M_n = \dfrac{6}{h_n}[m_n - f(x_{n-1}, x_n)] \end{array} \right\} \tag{2.98}$$

上面两式与式(2.95)联立,可得关于 $\{M_i\}_{i=0}^n$ 的线性方程组:

$$\begin{bmatrix} 2 & 1 & & & \\ \mu_1 & 2 & \lambda_1 & & \\ & \ddots & \ddots & \ddots & \\ & & \mu_{n-1} & 2 & \lambda_{n-1} \\ & & & 1 & 2 \end{bmatrix} \begin{bmatrix} M_0 \\ M_1 \\ \vdots \\ M_{n-1} \\ M_n \end{bmatrix} = \begin{bmatrix} \dfrac{6}{h_1}[f(x_0, x_1) - m_0] \\ d_1 \\ \vdots \\ d_{n-1} \\ \dfrac{6}{h_n}[m_n - f(x_{n-1}, x_n)] \end{bmatrix} \tag{2.99}$$

（2）给定 $S''(x_0)=M_0$，$S''(x_n)=M_n$。

得到关于 $\{M_i\}_{i=1}^{n-1}$ 的线性方程组：

$$\begin{bmatrix} 2 & \lambda_1 & & & \\ \mu_2 & 2 & \lambda_2 & & \\ & \ddots & \ddots & \ddots & \\ & & \mu_{n-2} & 2 & \lambda_{n-2} \\ & & & \mu_{n-1} & 2 \end{bmatrix}\begin{bmatrix} M_1 \\ M_2 \\ \vdots \\ M_{n-2} \\ M_{n-1} \end{bmatrix}=\begin{bmatrix} d_1-\mu_1 M_0 \\ d_2 \\ \vdots \\ d_{n-2} \\ d_{n-1}-\lambda_{n-1}M_n \end{bmatrix} \tag{2.100}$$

（3）周期条件 $S''(x_0)=S''(x_n)$，$M_n=M_0$ 两个条件。

可得到

$$\mu_0 M_{n-1}+2M_0+\lambda_0 M_1=\frac{6}{h_1+h_n}[f(x_0,x_1)-f(x_{n-1},x_n)] \tag{2.101}$$

此处 $$\lambda_0=\frac{h_n}{h_1+h_n},\ \mu_0=1-\lambda_0=\frac{h_1}{h_1+h_n}$$

而在 M 关系式(2.97)中，$i=n-1$ 时的关系式可写成（事关 M_n）

$$\mu_{n-1}M_{n-2}+2M_{n-1}+\lambda_{i-1}M_0=d_{n-1} \tag{2.102}$$

得到关于 $\{M_i\}_{i=0}^{n-1}$ 的线性方程组：

$$\begin{bmatrix} 2 & \lambda_0 & & & \mu_0 \\ \mu_1 & 2 & \lambda_1 & & \\ & \ddots & \ddots & \ddots & \\ & & \mu_{n-2} & 2 & \lambda_{n-2} \\ \lambda_{n-1} & & & \mu_{n-1} & 2 \end{bmatrix}\begin{bmatrix} M_0 \\ M_1 \\ \vdots \\ M_{n-2} \\ M_{n-1} \end{bmatrix}=\begin{bmatrix} \frac{6}{h_1+h_n}[f(x_0,x_1)-f(x_{n-1},x_n)] \\ d_1 \\ \vdots \\ d_{n-1} \\ d_n \end{bmatrix} \tag{2.103}$$

2.7.4 三次样条插值的误差限和收敛性

三次样条插值函数的收敛性与误差估计比较复杂,这里不加证明地给出主要结果：设被插函数 $f(x)$ 的四阶导数在 $[a,b]$ 上连续,$S(x)$ 为满足第一或第二种边界条件的三次样条函数,令 $h=\max\limits_{0\leqslant i\leqslant n-1}h_i$,则有估计式

$$\max_{a\leqslant x\leqslant b}|f^{(k)}(x)-S^{(k)}(x)|\leqslant C_k\max_{a\leqslant x\leqslant b}|f^{(4)}(x)|h^{4-k},\ k=0,1,2 \tag{2.104}$$

其中 $$C_0=\frac{5}{384},\ C_1=\frac{1}{24},\ C_2=\frac{3}{8}$$

式(2.104)不仅给出了三次样条插值函数的误差估计,同时也表明,伴随 $h \to 0$, $S(x)$ 及其一阶导数 $S'(x)$ 和二阶导数 $S''(x)$ 分别收敛于 $f(x)$,$f'(x)$ 和 $f''(x)$。

2.8 曲线拟合的最小二乘法

2.8.1 最小二乘法的概念

在科学实验和生产实践中,有些问题无法直接通过自然机理的认知获得数学公式的建立,经常要从一组数据 $(x_i, \ y_i)(i=1, 2, \cdots, m)$ 出发,寻求函数 $y=f(x)$ 的一个近似表达式 $y=\Phi(x)$(称为经验公式),这实际上是一个曲线拟合问题。如典型的圆管黏性流动沿程阻力系数数学方程的建立,仅在雷诺数较小的层流状态下能够建立精确的数学公式,其他情况下则依赖数据的拟合(表 2.6)。

表 2.6 圆管黏性流动沿程阻力系数不同区间的经验公式

阻力区	范 围	λ 的理论和半经验公式	λ 的经验公式
层流区	$Re < 2\,320$	$\lambda = \dfrac{64}{Re}$	$\lambda = \dfrac{75}{Re}$
临界区	$2\,320 < Re < 4\,000$	—	$\lambda = 0.002\,5Re^{\frac{1}{3}}$
光滑管湍流区	$4\,000 < Re < 22.2\left(\dfrac{d}{\Delta}\right)^{\frac{8}{7}}$	$\dfrac{1}{\sqrt{\lambda}} = 2\lg(Re\sqrt{\lambda}) - 0.8$	$Re < 10^5: \lambda = \dfrac{0.316\,4}{Re^{0.25}}$ $10^5 < Re < 3\times 10^6:$ $\lambda = 0.003\,2 + \dfrac{0.221}{Re^{0.237}}$
过渡区	$22.2\left(\dfrac{d}{\Delta}\right)^{\frac{8}{7}} < Re < 597\left(\dfrac{d}{\Delta}\right)^{\frac{9}{8}}$	$\dfrac{1}{\sqrt{\lambda}} = -2\lg\left(\dfrac{\Delta}{3.7d} + \dfrac{2.51}{Re\sqrt{\lambda}}\right)$	$\lambda = 0.11\left(\dfrac{\Delta}{d} + \dfrac{68}{Re}\right)^{0.25}$
粗糙管湍流区	$Re > 597\left(\dfrac{d}{\Delta}\right)^{\frac{9}{8}}$	$\lambda = \dfrac{1}{\left[2\lg\left(2.7\dfrac{d}{\Delta}\right)\right]^2}$	$\lambda = 0.11\left(\dfrac{\Delta}{d}\right)^{0.25}$

多项式插值虽然在一定程度上解决了由函数表求函数的近似表达问题,但在解决实验数据拟合等问题时,存在如下不足:

(1)实验提供的数据通常自带测试误差,插值曲线严格通过每个测试数据点 (x_i, y_i),则保留原有测试误差,当个别数据误差较大时,插值效果不佳。

(2)实验曲线往往数据量较大,用插值法获得拟合曲线,公式推导工作量大、程序计算耗时长,缺乏一定实用价值。

由此,如何基于给定的实验数据,从一函数类 $\Phi(x)$ 中挑选出一个函数 $\varphi(x)$ 来拟合此数据曲线?本节主要介绍一种最常见的曲线拟合方法,即"最小二乘法"。

如前所述,一般情况下,不能要求近似拟合曲线 $y=\varphi(x)$ 严格地通过所有数据点 $(x_i,\ y_i)$,即不能要求拟合函数在 x_i 点处的偏差 $\delta_i=\varphi(x_i)-y_i=0,\ i=1,2,\cdots,m$。但为了使曲线能尽量如实地反映出数据点的变化趋势,要求各 $|\delta_i|$ 还是要尽可能小,达到这一目标的途径可有如下方法:

(1) 选取 $\varphi(x)$,使各偏差绝对值之和最小,即

$$\sum_{i=1}^{m}|\delta_i|=\sum_{i=1}^{m}|\varphi(x_i)-y_i|=\min \tag{2.105}$$

(2) 选取 $\varphi(x)$,使各偏差中绝对值最大的最小,即

$$\max|\delta_i|=\max|\varphi(x_i)-y_i|=\min \tag{2.106}$$

(3) 选取 $\varphi(x)$,使各偏差平方之和最小,即

$$\sum_{i=1}^{m}\delta_i^2=\sum_{i=1}^{m}(\varphi(x_i)-y_i)^2=\min \tag{2.107}$$

为了便于计算、分析和应用,较多地根据"使各偏差平方之和最小"的原则(称为最小二乘原则)来选取拟合曲线 $y=\varphi(x)$。

基本方法为,对于给定数据表如下:

x	$x_1,x_2,\cdots,x_n$
y	$y_1,y_2,\cdots,y_n$

在 Φ 函数线性空间中,如 $\varphi(x)=a_0\varphi_0(x)+\cdots+a_n\varphi_n(x)$,找到其中一个

$$\varphi^*(x)=a_0^*\varphi_0(x)+\cdots+a_n^*\varphi_n(x) \tag{2.108}$$

使 $\varphi^*(x)$ 满足条件

$$\sum_{i=1}^{m}(\varphi^*(x_i)-y_i)^2=\min\sum_{i=1}^{m}(\varphi(x_i)-y_i)^2 \tag{2.109}$$

满足式(2.109)的 $\varphi^*(x)$ 是函数线性空间 Φ 中最小二乘问题的解。

最小二乘问题为纯数学问题,其解决步骤如下:

(1) 根据给定数据点变化发展趋势,并结合实际问题确定函数类 Φ(多项式、反比等)。

(2) 根据最小二乘原则[式(2.116) $\sum_{i=1}^{m}\delta_i^2=\sum_{i=1}^{m}(\varphi(x_i)-y_i)^2=\min$]求得最小二乘解。

70

2.8.2　最小二乘解的求法

由式(2.108)、式(2.109)可知,求最小二乘解:

(1) 即求关于 $(a_0,\ a_1,\ \cdots,\ a_k,\ \cdots,\ a_n)$ 的多元函数

$$S(a_0,\ a_1,\ \cdots,\ a_k,\ \cdots,\ a_n)=\sum_{i=1}^{m}\Big[\sum_{k=0}^{n}a_k\varphi_k(x_i)-y_i\Big]^2 \tag{2.110}$$

的极小点。

(2) 即要求

$$\frac{\partial S}{\partial a_k}=0\quad(k=0,\ 1,\ \cdots,\ n) \tag{2.111}$$

(3) 即

$$\sum_{i=1}^{m}\varphi_k(x_i)\big[a_0\varphi_0(x_i)+\cdots+a_k\varphi_k(x_i)+\cdots+a_n\varphi_n(x_i)-y_i\big]=0 \tag{2.112}$$

(4) 即

$$a_0\sum_{i=1}^{m}\varphi_k(x_i)\varphi_0(x_i)+a_1\sum_{i=1}^{m}\varphi_k(x_i)\varphi_1(x_i)+\cdots+$$
$$a_k\sum_{i=1}^{m}\varphi_k(x_i)\varphi_k(x_i)+\cdots+a_n\sum_{i=1}^{m}\varphi_k(x_i)\varphi_n(x_i)$$
$$=\sum_{i=1}^{m}\varphi_k(x_i)y_i \tag{2.113}$$

若对任意函数 $h(x)$ 和 $g(x)$,引入记号

$$(h,\ g)=\sum_{i=1}^{m}h(x_i)g(x_i) \tag{2.114}$$

则式(2.113)可表示为

$$a_0(\varphi_k,\ \varphi_0)+a_1(\varphi_k,\ \varphi_1)+\cdots+a_k(\varphi_k,\ \varphi_k)+\cdots+a_n(\varphi_k,\ \varphi_n)$$
$$=(\varphi_k,\ f)\quad(k=0,\ 1,\ \cdots,\ n) \tag{2.115}$$

写成矩阵形式:

$$\begin{bmatrix} (\varphi_0,\ \varphi_0) & (\varphi_0,\ \varphi_1) & \cdots & (\varphi_0,\ \varphi_n) \\ (\varphi_1,\ \varphi_0) & (\varphi_1,\ \varphi_1) & \cdots & (\varphi_1,\ \varphi_n) \\ \vdots & \vdots & & \vdots \\ (\varphi_n,\ \varphi_0) & (\varphi_n,\ \varphi_1) & \cdots & (\varphi_n,\ \varphi_n) \end{bmatrix}\begin{bmatrix} a_0 \\ a_1 \\ \vdots \\ a_{n-1} \\ a_n \end{bmatrix}=\begin{bmatrix} (\varphi_0,\ f) \\ (\varphi_1,\ f) \\ \vdots \\ (\varphi_{n-1},\ f) \\ (\varphi_n,\ f) \end{bmatrix} \tag{2.116}$$

式(2.116)称为法方程组,当 $\varphi_i(x)$ 线性无关时,存在唯一解。

作为曲线拟合的常用情况,若 $\varphi_i(x)$ 的形式为多项式,同时取

$$\varphi_0(x)=x^0=1, \ \varphi_1(x)=x^1, \ \varphi_k(x)=x^k, \ \varphi_n(x)=x^n \qquad (2.117)$$

则

$$(\varphi_k, \ \varphi_j)=\sum_{i=1}^{m}x_i^k x_i^j=\sum_{i=1}^{m}x_i^{k+j} \quad (j, \ k=0, \ 1, \ \cdots, \ n)$$

$$(\varphi_k, \ f)=\sum_{i=1}^{m}x_i^k y_i \quad (k=0, \ 1, \ \cdots, \ n) \qquad (2.118)$$

此种情况下,法方程组

$$\begin{bmatrix} m & \sum_{i=1}^{m}x_i & \cdots & \sum_{i=1}^{m}x_i^n \\ \sum_{i=1}^{m}x_i & \sum_{i=1}^{m}x_i^2 & \cdots & \sum_{i=1}^{m}x_i^{n+1} \\ \vdots & \vdots & & \vdots \\ \sum_{i=1}^{m}x_i^n & \sum_{i=1}^{m}x_i^{n+1} & \cdots & \sum_{i=1}^{m}x_i^{2n} \end{bmatrix} \begin{bmatrix} a_0 \\ a_1 \\ \vdots \\ a_{n-1} \\ a_n \end{bmatrix} = \begin{bmatrix} \sum_{i=1}^{m}y_i \\ \sum_{i=1}^{m}x_i y_i \\ \vdots \\ \sum_{i=1}^{m}x_i^{n-1}y_i \\ \sum_{i=1}^{m}x_i^n y_i \end{bmatrix} \qquad (2.119)$$

例 2.6 某种铝合金的含铝量为 $x(\%)$,其溶解为 $y(c)$,实验获得 x 与 y 的数据如表 2.7 所示,试用最小二乘法建立 x 与 y 之间的经验公式。

表 2.7 某种铝合金含铝量与溶解数据表

i	x_i^1	y_i	x_i^2	$x_i y_i$
1	36.9	181	1 361.61	6 678.9
2	46.7	197	2 180.89	9 199.9
3	63.7	235	4 057.69	14 969.5
4	77.8	270	6 052.84	21 006.0
5	84.0	283	7 056.00	23 772.0
6	87.5	292	7 656.25	25 550.0
Σ	396.6	1 458	28 856.25	101 176.3

解答:(1)画数据点图:将表中 x_i, y_i 数据描绘于坐标纸上。使用 MATLAB 命令:$x=[36.9, 46.7, 63.7, 77.8, 84.0, 87.5]$;$y=[181, 197, 235, 270, 283, 292]$;$polt(x, y, 'o')$,如图 2.3 所示。

(2)确定拟合曲线函数类:由图 2.3 可以看出,六个点几乎连成一条直线,可使用线

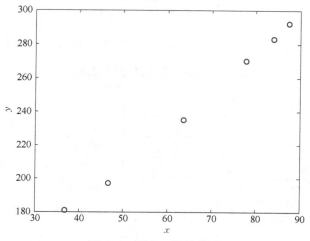

图 2.3 例 2.6 数据点图

性函数(一阶多项式)来拟合此组数据,令 $\varphi(x) = a \cdot 1 + b \cdot x$。

(3) 建立法方程组

$$
\begin{bmatrix}
m & \sum\limits_{i=1}^{m} x_i & \cdots & \sum\limits_{i=1}^{m} x_i^n \\
\sum\limits_{i=1}^{m} x_i & \sum\limits_{i=1}^{m} x_i^2 & \cdots & \sum\limits_{i=1}^{m} x_i^{n+1} \\
\vdots & \vdots & & \vdots \\
\sum\limits_{i=1}^{m} x_i^n & \sum\limits_{i=1}^{m} x_i^{n+1} & \cdots & \sum\limits_{i=1}^{m} x_i^{2n}
\end{bmatrix}
\begin{bmatrix}
a_0 \\ a_1 \\ \vdots \\ a_{n-1} \\ a_n
\end{bmatrix}
=
\begin{bmatrix}
\sum\limits_{i=1}^{m} y_i \\
\sum\limits_{i=1}^{m} x_i y_i \\
\vdots \\
\sum\limits_{i=1}^{m} x_i^{n-1} y_i \\
\sum\limits_{i=1}^{m} x_i^n y_i
\end{bmatrix}
$$

即

$$
\begin{bmatrix}
6 & \sum\limits_{i=1}^{6} x_i \\
\sum\limits_{i=1}^{6} x_i & \sum\limits_{i=1}^{6} x_i^2
\end{bmatrix}
\begin{bmatrix}
a \\ b
\end{bmatrix}
=
\begin{bmatrix}
\sum\limits_{i=1}^{6} y_i \\
\sum\limits_{i=1}^{6} x_i y_i
\end{bmatrix}
$$

经过计算,确定右侧矩阵中各数值,得到如下方程组:

$$
\begin{cases}
6a + 396.9b = 1\,458 \\
396.6a + 28\,365.28b = 101\,176.3
\end{cases}
$$

计算可得 $a = 95.352\,4$,$b = 2.233\,7$。

代入拟合函数,得

$$\varphi(x) = 95.352\ 4 + 2.233\ 7x$$

对比拟合函数计算值 $y'_i = 95.352\ 4 + 2.233\ 7x_i$ 与原实验值 y_i,见表2.8。

表 2.8　例 2.6 拟合数据与实验数据对比

i	1	2	3	4	5	6
x_i	36.9	46.7	63.7	77.8	84.0	87.5
y'_i	177.78	199.67	237.64	269.13	282.98	290.80
y_i	181	197	235	270	283	292
$y'_i - y_i$	−3.22	2.67	2.64	−0.87	−0.02	−1.20
$(y'_i - y_i)^2$	10.37	7.13	6.97	0.76	0.76	1.44
$\sum \delta_i^2$	26.670 4					

由表2.8可知:最大偏差绝对值3.22;偏差平方之和26.670 4,在所有(a,b)取值中,仅此时计算获得$(a=95.352\ 4,b=2.233\ 7)$时,偏差平方之和最小。如果上述偏差可以接受,则可使用$\varphi(x)=95.352\ 4+2.233\ 7x$来计算含铝量$x$在36.9~87.5范围之内的溶解$y$。

例 2.7　在某化学反应中,测得生成物浓度$y(\%)$与时间$t(\min)$之间的数据见表2.9,试用最小二乘法建立t与y之间的经验公式(拟合函数)。

表 2.9　某化学反应中测得生成物浓度 $y(\%)$ 与时间 $t(\min)$ 数据表

t	1	2	3	4	5	6	7	8
y	4.00	6.40	8.00	8.80	9.22	9.50	9.70	9.86
t	9	10	11	12	13	14	15	16
y	10.00	10.20	10.32	10.42	10.50	10.55	10.58	10.60

解答: 画数据点图(t,y):$t=0$时,化学反应没开始,$y=0$;$t \to \infty$时,y趋向某一常数。具此种情况的曲线函数很多,可选用不同的类型,并获得不同的经验公式,如图2.4所示。

方案 A: 设想$y=\varphi(t)$为双曲线,并具有如下形式:

$$y = \frac{t}{at+b}$$

若直接使用最小二乘法,十分复杂,也无法直接利用方程组,给计算带来麻烦。为此,将方程改写:$\dfrac{1}{y}=a+\dfrac{b}{t}$,并引入变量 $y^{(1)}=\dfrac{1}{y}$,$t^{(1)}=\dfrac{1}{t}$,则有

$$y^{(1)} = a + bt^{(1)}$$

数据见表2.10。

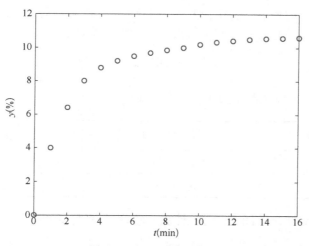

图 2.4　例 2.7 数据点图

表 2.10　某化学反应中 $y_i^{(1)}$ 与 $t_i^{(1)}$ 数据表

i	1	2	3	$\cdots$	16
$t_i^{(1)} = \dfrac{1}{t_i}$	1. 000 00	0. 500 00	0. 333 33	$\cdots$	0. 062 50
$y_i^{(1)} = \dfrac{1}{y_i}$	0. 250 00	0. 156 25	0. 125 00	$\cdots$	0. 094 34

与例 2.6 同样的解法,得到

$$a = 80.662\ 1, \quad b = 161.682$$

代入拟合函数

$$y = \frac{t}{80.662\ 1t + 161.682\ 2}$$

方案 B:设想 $y = \varphi(t)$ 具有指数形式:

$$y = a\mathrm{e}^{b/t}, \quad a > 0, \quad b < 0$$

若直接使用最小二乘法,需要求解一个非线性方程组。为此,将方程两边取对数,有 $\ln y = \ln a + b/t$,引入新变量 $y^{(2)} = \ln y$,$t^{(2)} = 1/t$,并记 $A = \ln a$,$B = b$,则有

$$y^{(2)} = A + Bt^{(2)}$$

数据见表 2.11。

表 2.11　某化学反应中 y_i^2 与 t_i^2 数据表

i	1	2	3	$\cdots$	16
$t_i^2 = \dfrac{1}{t_i}$	1. 000 00	0. 500 00	0. 333 33	$\cdots$	0. 062 50
$y_i^2 = \ln y_i$	1. 386 29	1. 853 60	2. 079 44	$\cdots$	2. 360 85

与例 2.6 同样的解法,求得:$A=-4.4807$,$B=-1.0567$,由此,$a=\mathrm{e}^A=0.011325$,$b=B=-1.0567$,代入经验公式(拟合函数),得

$$y=a\mathrm{e}^{b/t}=0.011325\mathrm{e}^{-1.0567/t}$$

均方误差为 $\sqrt{\sum\delta_i^2}$,最大偏差为 $\max\limits_{1\leqslant i\leqslant16}|\delta_i|$,即

经验公式	均方误差	最大偏差
公式 A	1.19×10^{-3}	0.568×10^{-3}
公式 B	0.34×10^{-3}	0.277×10^{-3}

解决实际问题,须反复分析,多次选择,计算比较,获得较好的数学模型。

2.8.3　加权最小二乘法

在实际问题中测得的所有实验数据,并不总是等精度、等地位的。显然,对于精度高或地位较重要的那些数据 $(x_i,\ y_i)$,应当给予较大的权。此种情况下,求给定数据的拟合曲线,需要采用加权最小二乘法。

同样,在加权最小二乘法中,其要求和原则与通常情况类似,即对于给定的一组实验数据 $(x_i,\ y_i)$ $(i=1,\ 2,\ \cdots,\ m)$,要求在某个函数类 $\Phi=\{\varphi_0(x),\ \varphi_1(x),\ \cdots,\ \varphi_n(x)\}(n<m)$ 中,寻找一个函数为上述函数的一个唯一线性组合,即 $\varphi^*(x)=a_0^*\varphi_0(x)+a_1^*\varphi_1(x)+\cdots+a_n^*\varphi_n(x)$,使得

$$\sum_{i=1}^m W_i\big[\varphi^*(x_i)-y_i\big]^2=\min_{\varphi(x)\in\Phi}\sum_{i=1}^m W_i\big[\varphi(x_i)-y_i\big]^2 \tag{2.120}$$

其中,$\varphi(x)=a_0\varphi_0(x)+a_1\varphi_1(x)+\cdots+a_n\varphi_n(x)$ 为函数类 Φ 中任一函数,$W_i(i=1,\ 2,\ \cdots,\ m)$ 是一系列正数,称为权,其大小反映了数据 $(x_i,\ y_i)$ 的强弱地位。

式(2.120)可转换为

$$\sum_{i=1}^m W_i\Big[\sum_{k=0}^n a_k^*\varphi_k(x_i)-y_i\Big]^2=\min_{\varphi(x)\in\Phi}W_i\Big[\sum_{k=0}^n a_k\varphi_k(x_i)-y_i\Big]^2 \tag{2.121}$$

问题归纳为求多元函数 $S(a_0,\ a_1,\ \cdots,\ a_n)=\sum\limits_{i=1}^m W_i\Big[\sum\limits_{k=0}^n a_k\varphi_k(x_i)-y_i\Big]^2$ 的极值;即令 $\dfrac{\partial S}{\partial a_k}=0$,求 $a_k^*(k=0,\ 1,\ \cdots,\ n)$。

而

$$\frac{\partial S}{\partial a_k}=2\sum_{i=1}^m W_i\varphi_k(x_i)\Big[\sum_{k=0}^n a_k\varphi_k(x_i)-y_i\Big]=0 \tag{2.122}$$

即 $\quad\sum\limits_{i=1}^m W_i\varphi_k(x_i)\varphi_0(x_i)\cdot a_0+\sum\limits_{i=1}^m W_i\varphi_k(x_i)\varphi_1(x_i)\cdot a_1+\cdots+\sum\limits_{i=1}^m W_i\varphi_k(x_i)\varphi_n(x_i)\cdot a_n$

$$= \sum_{i=1}^{m} W_i \varphi_k(x_i) y_i \quad (k = 0, 1, \cdots, n) \tag{2.123}$$

可列 $n+1$ 个方程,而未知数 $a_0 \to a_n$ 为 $n+1$ 个。

作为特例,如果选取的函数类为

$$\varphi_0(x) = x^0 = 1, \ \varphi_1(x) = x^1, \cdots, \ \varphi_n(x) = x^n \tag{2.124}$$

则上式变为

$$\sum_{i=1}^{m} W_i 1 \cdot 1 \cdot a_0 + \sum_{i=1}^{m} W_i x_i^k x_i^1 \cdot a_1 + \cdots + \sum_{i=1}^{m} W_i x_i^k x_i^n \cdot a_n$$

$$= \sum_{i=1}^{m} W_i x_i^k y_i \quad (k = 0, 1, \cdots, n) \tag{2.125}$$

则相应方程组

$$\begin{bmatrix} \sum_{i=1}^{m} W_i & \sum_{i=1}^{m} W_i x_i & \cdots & \sum_{i=1}^{m} W_i x_i^n \\ \sum_{i=1}^{m} W_i x_i & \sum_{i=1}^{m} W_i x_i^2 & \cdots & \sum_{i=1}^{m} W_i x_i^{n+1} \\ \vdots & \vdots & & \vdots \\ \sum_{i=1}^{m} W_i x_i^n & \sum_{i=1}^{m} W_i x_i^{n+1} & \cdots & \sum_{i=1}^{m} W_i x_i^{2n} \end{bmatrix} \begin{bmatrix} a_0 \\ a_1 \\ \vdots \\ a_n \end{bmatrix} = \begin{bmatrix} \sum_{i=1}^{m} W_i y_i \\ \sum_{i=1}^{m} W_i x_i y_i \\ \vdots \\ \sum_{i=1}^{m} W_i x_i^n y_i \end{bmatrix} \tag{2.126}$$

即在方程系数矩阵和常数列元素中添加权 W_i 即可。

例 2.8　已知一组实验数据 $(x_i, \ y_i)$ 及权 W_i,如下表所示,若 x 和 y 之间具有线性关系 $y = a + bx$,试用加权最小二乘法确定系数 a 和 b。

i	1	2	3	4
W_i	14	27	12	1
x_i	2	4	6	8
y_i	2	11	28	40

解答: 因为拟合曲线为一次多项式曲线(直线)

$$\varphi(x) = a + bx$$

故相应的法方程组形如式(2.126)。将表中各已知数据代入即得法方程组

$$\begin{cases} 54a + 216b = 701 \\ 216a + 984b = 3\,580 \end{cases}$$

解得 $a = -12.885$,$b = 6.467$。

2.8.4 利用正交函数作最小二乘拟合

前几节内容从原则上解决了最小二乘法的曲线拟合问题,但在实际计算中,如果 n 较大(如 $n \geqslant 7$ 时),法方程组系数矩阵往往是病态的,即常数向量的微小扰动,引起预求解参数 a_0, a_1, $\cdots$, a_n 很大的变化,数值算法是不稳定的。而最小二乘法曲线拟合基于的数据通常都是带有误差的,稍有变化,将导致拟合函数较大的变化,而正交矩阵性态往往是最好的。

定义 2.5 对于点集 $\{x_i\}$ 和权 $\{W_i\}$ $(i=1, 2, \cdots, m)$,若一组函数 $\varphi_0(x)$, $\varphi_1(x)$, $\cdots$, $\varphi_n(x)$ $(n < m)$,满足如下条件,即法方程组系数矩阵中的元素满足

$$(\varphi_k, \varphi_j) = \sum_{i=1}^{m} W_i \varphi_k(x_i) \varphi_j(x_i) = \begin{cases} 0, & k \neq j \\ A_k > 0, & k=j \end{cases} \tag{2.127}$$

其中 k, $j=0, 1, \cdots, n$。 则称 $\varphi_0(x)$, $\varphi_1(x)$, $\cdots$, $\varphi_n(x)$ 是关于点集 $\{x_i\}$ 和权 $\{W_i\}$ 的正交函数族。

由此,法方程组大大简化如下:

$$\begin{bmatrix} (\varphi_0, \varphi_0) & & & \\ & (\varphi_1, \varphi_1) & & \\ & & \ddots & \\ & & & (\varphi_n, \varphi_n) \end{bmatrix} \begin{bmatrix} a_0^* \\ a_1^* \\ \vdots \\ a_n^* \end{bmatrix} = \begin{bmatrix} (\varphi_0, f) \\ (\varphi_1, f) \\ \vdots \\ (\varphi_n, f) \end{bmatrix} \tag{2.128}$$

解此方程组毫无困难,易得到

$$a_k^* = \frac{(\varphi_k, f)}{(\varphi_k, \varphi_k)} = \frac{\displaystyle\sum_{i=1}^{m} W_i \varphi_k(x_i) y_i}{\displaystyle\sum_{i=1}^{m} W_i [\varphi_k(x_i)]^2} \quad (k=0, 1, \cdots, n) \tag{2.129}$$

这样,往往就避开了求解一个病态方程组。但问题是如何构造正交函数集?如果正交函数为多项式类,直接给出如下构造方法:

令 $\varphi_0(x)=1$,$\varphi_1(x)=x-a_1$,利用递推公式获得 $\varphi_2(x)$,$\varphi_3(x)$,$\cdots$,$\varphi_n(x)$,即

$$\varphi_{k+1}(x) = (x - a_{k+1})\varphi_k(x) - b_k \varphi_{k-1}(x) \quad (k=1, 2, \cdots, n-1) \tag{2.130}$$

满足条件 $(\varphi_k, \varphi_j) = \sum_{i=1}^{m} W_i \varphi_k(x_i) \varphi_j(x_i) \begin{cases} =0, k \neq j \\ A_k > 0, k=j \end{cases}$,$k$, $j=0, 1, \cdots, n$,其中

$$a_{k+1} = \frac{\displaystyle\sum_{i=1}^{m} W_i x_i [\varphi_k(x_i)]^2}{\displaystyle\sum_{i=1}^{m} W_i [\varphi_k(x_i)]^2} \tag{2.131}$$

$$b_k = \cfrac{\sum\limits_{i=1}^{m} W_i \left[\varphi_k (x_i) \right]^2}{\sum\limits_{i=1}^{m} W_i \left[\varphi_{k-1} (x_i) \right]^2} \qquad (2.132)$$

以此构造函数满足正交函数要求,其中 a_{k+1} 不同于法方程组中 a_{k+1},证明不作要求。

2.9 上机训练

2.9.1 拉格朗日插值多项式源代码举例与计算举例

（1）拉格朗日插值多项式源代码：

```
%  功能：对一组数据做 Lagrange 插值
%  调用格式：yi = Lagran(x, y,xi)
%  x, y: 数组形式的数据表
%  xi: 待计算 y 值的横坐标数组
%  yi: 用 Lagrange 插值算出的 y 值数组
function fi = lagran(x,f,xi)
fi = zeros(size(xi));
np1 = length(f);
for i = 1:np1
    z = ones(size(xi));
    for j = 1:np1
        if i～ = j,z = z. * (xi - x(j))/(x(i) - x(j));end
    end
    fi = fi + z * f(i);
end
```

（2）已知 4 对数据(1.6, 3.3),(2.7, 1.22),(3.9, 5.61),(5.6, 2.94)。写出这 4 个数据点的拉格朗日插值公式,并计算横坐标 $x_i = [2.101, 4.234]$ 时对应的纵坐标。

解答：① 4 个数据点的拉格朗日插值公式：

$$L_3(x) = 3.3 * \frac{(x-2.7) * (x-3.9) * (x-5.6)}{(1.6-2.7) * (1.6-3.9) * (1.6-5.6)} +$$

$$4.22 * \frac{(x-1.6) * (x-3.9) * (x-5.6)}{(2.7-1.6) * (2.7-3.9) * (2.7-5.6)} +$$

$$3.9 * \frac{(x-1.6) * (x-2.7) * (x-5.6)}{(3.9-1.6) * (3.9-2.7) * (3.9-5.6)} +$$

$$2.94 * \frac{(x-1.6) * (x-2.7) * (x-3.9)}{(5.6-1.6) * (5.6-2.7) * (5.6-3.9)}$$

② 计算横坐标 $x_i = [2.101, 4.234]$ 时对应的纵坐标,数据曲线如图 2.5 所示。

```
x = [1.6,2.7,3.9,5.6];
y = [3.3,1.22,5.61,2.94];
xi = [2.101,4.234];
yi = Lagran(x,y,xi);
xx = 1.5:0.5:6.5;
yy = Lagran(x,y,xx);
yi
yi =
        1.0596    6.6457
plot(xx,yy,x,y,'o')
```

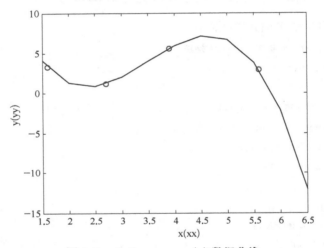

图 2.5　plot(xx, yy, x, y, 'o')数据曲线

2.9.2　牛顿插值多项式源代码举例与计算举例

(1)牛顿插值多项式源代码:

```
function [p] = Newton_Polyfit(X,Y)
% X 为插值节点自变量
% Y 为对应函数值
format long g
r = size(X);
n = r(2); % n 为要拟合的数据长度
M = ones(n,n);
M(:,1) = Y';
for i = 2:n
    for j = i:n
        M(j,i) = (M(j,i-1) - M(j-1,i-1))/(X(j) - X(j-i+1));
    end
end
```

```
end
M
% 显示均差(差商)表
p0 = [zeros(1,n-1),M(1,1)];
p = p0;
for i = 1: n-1
    p1 = M(i+1,i+1). * poly(X(1: i));
    p0 = [zeros(1,n-i-1),p1];
    p = p + p0;
end
```

（2）已知数据 $X = [0.2, 0.4, 0.6, 0.8, 1.0]$；$Y = [0.98, 0.92, 0.81, 0.64, 0.38]$；输出牛顿插值与三次样条插值曲线（图 2.6）。

解答：

```
X = [0.2,0.4,0.6,0.8,1.0];
Y = [0.98,0.92,0.81,0.64,0.38];
[p] = Newton_Polyfit(X,Y);
Y2 = polyval(p,X);
X1 = 0:0.01:1;
Y3 = interp1(X,Y,X1,'spline');
plot(X,Y,'o',X,Y2,'r',X1,Y3,'g')
% polyval: 给出 X 数据下插值函数值;
% spline:"三次样条插值";
% interp1: 调用插值。
```

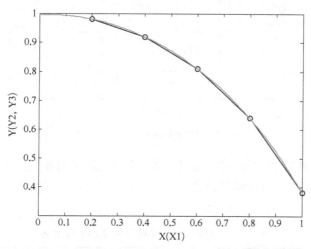

图 2.6　plot($X,Y,$'o',$X,Y_2,$'r',$X_1,Y_3,$'g')数据曲线

2.9.3　MATLAB 自带的插值函数命令

如 2.9.2 节（2）中的 $Y_3 = $interp1$(X,Y,X_1,$'spline')：MATLAB 现成的插值函数为

interp1,其调用格式为 $y_i＝interp1(x，y，x_i，'method')$。其中：

$x，y$ 为插值点；y_i 为在被插值点 x_i 处的插值结果；'method'表示采用的插值方法，包括：'nearest'：最近项插值；'linear'：线性插值(默认)；'spline'：逐段3次样条插值；'cubic'：保凹凸性3次插值；'pchip'：分段3次埃尔米特插值。

2.10 案例引导

2.10.1 案例2.1

本案例以批量加工制作轴类零部件为案例,讨论利用插值方法建立不同批次及不同部位轴件误差,进而实施误差补偿,满足工程需求。如应用数控车床批量加工轴类零件,由于机床原始误差、切削误差等因素,使工件产生锥度误差或腰鼓形误差。传统误差补偿在于通过机床测量工件尺寸、调整磨耗值来实现,或应用中心架、跟刀架、导套等辅助工具进行误差补偿。但这些传统补偿方式调整难度大,对操作者要求高,生产效率低,在疲劳加工中问题更为突出。如果能够获得零件不同加工批次(序号)的轴向加工误差规律,则可通过算法自动补偿误差,提高加工生产效率。图2.7为某阶梯轴零件加工尺寸图。

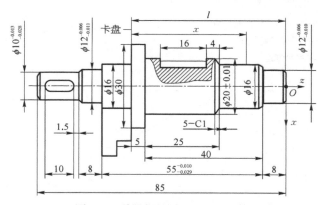

图2.7 某阶梯轴零件加工尺寸图

图2.7为研究针对的轴类零件,由材料力学可知,阶梯轴属变截面梁,其弯曲变形在截面突变出挠度连续,取工件测量位置 $0, l/6, l/3, l/2, 2l/3, 5l/6, l$,得批量零件加工误差 Δ,见表2.12。

表2.12 某阶梯轴零件批量零件加工误差 Δ (μm)

工件序号	测量位置 x(mm)						
n(件)	0	$l/6$	$l/3$	$l/2$	$2l/3$	$5l/6$	l
0	5.0	5.1	5.3	5.8	6.9	9.0	12.6
10	20.0	20.2	20.6	21.4	22.8	25.0	28.2

续　表

工件序号	测量位置 x（mm）						
n（件）	0	$l/6$	$l/3$	$l/2$	$2l/3$	$5l/6$	l
20	31.0	31.3	31.8	32.7	34.2	36.5	39.8
30	39.0	39.4	40.0	40.8	42.2	44.4	47.6
40	45.0	45.5	46.2	47.3	49.0	51.5	55.0
50	50.0	50.6	51.4	52.6	54.4	57.0	60.6

注：l 表示工件伸出卡盘端面的长度，$l=53$ mm。

取工件 0，构造零件位置与误差的差商表，见表 2.13。

表 2.13　工件 0 位置与误差差商表

测量点 x（mm）	误差 Δ（μm）	一阶差商 $A*6/l$	二阶差商 $B*18/l^2$	三阶差商 $C*36/l^3$	四阶差商 $D*54/l^4$
0	5.0 $f(x_0)$				
$l/6$	5.1	0.1 $f(x_0,x_1)$			
$l/3$	5.3	0.2	0.1 $f(x_0,x_1,x_2)$		
$l/2$	5.8	0.5	0.3	0.2 $f(x_0,x_1,x_2,x_3)$	
$2l/3$	6.9	1.1	0.6	0.3	0.1
$5l/6$	9.0	2.1	1.0	0.4	0.1
l	12.6	3.6	1.5	0.5	0.1

由表 2.13 可见，4 阶差商 $0.1\times54/53^4=6.8\times10^{-7}$ 近似为零，故建立 3 阶牛顿插值

$$N_3(x)=\left[5+0.1\times\frac{6x}{l}+0.1\times\frac{18x\left(x-\frac{l}{6}\right)}{l^2}+0.2\times\frac{36x\left(x-\frac{l}{6}\right)\left(x-\frac{l}{3}\right)}{l^3}\right]\times10^{-3}$$

(2.133)

对于工件 0，取 $a=5$；$b=0.1$；$c=0.1$；$d=0.2$，则式（2.133）转换为

$$N_3(x)=\left[a+b\times\frac{6x}{l}+c\times\frac{18x\left(x-\frac{l}{6}\right)}{l^2}+d\times\frac{36x\left(x-\frac{l}{6}\right)\left(x-\frac{l}{3}\right)}{l^3}\right]\times10^{-3}$$

(2.134)

其中，a 为零件测量点 0 处的误差，b 为一阶差商，c 为二阶差商，d 为三阶差商。

仿照工件 0 的牛顿插值方式，获得工件 10、20、30、40、50 时的 a，b，c，d 值，见表 2.14。

表 2.14 不同工件下的插值系数(a, b, c, d)

系　数	工件序号　n(件)					
	0	10	20	30	40	50
a	5.0	20.0	31.0	39.0	45.0	50.0
b	0.1	0.2	0.3	0.4	0.5	0.6
c	0.1	0.2	0.2	0.2	0.2	0.2
d	0.2	0.2	0.2	0.2	0.2	0.2

为获得一般规律,可进一步根据表 2.14 建立不同工件下插值系数的插值函数。考虑到次数 c 和 d 近似常数,可取 $c=d=0.2$;序号 n 和系数 a 建立三阶插值:$a=0.000\,167n^3-0.025n^2+1.733\,4n+5$;序号 n 和系数 b 建立一阶插值:$b=0.01n+0.1$。

由此,将 a, b, c, d 表达式代入式(2.134),获得本阶梯轴零件不同批次(序号)下加工误差的一般规律:

$$\Delta = 10^{-6} \times [(0.167n^3 - 25n^2 + 173.34n + 5\,000) +$$
$$0.048\,4x^3 - 0.001x^2 + (1.132n + 7.553)x] \tag{2.135}$$

综上,可结合 2.9.2 节牛顿插值程序,建立本例 $\Delta=f(n, x)$ 的 m 程序,实施零件加工误差的自动补偿。

2.10.2　案例 2.2

本案例以古拉兹实验对管中流动损伤系数的研究为引导,讨论如何利用最小二乘法拟合光滑管湍流区沿程阻力系数。1933 年发表的尼古拉兹实验对管中沿程阻力做了全面研究:将沙砾筛分后漆涂于管道内壁,造成相对粗糙度不同的管路,对每种管路改变雷诺数,实验获得沿程阻力系数 λ;实验曲线可分为五个区,每个区有各自的范围、特点和计算阻力系数 λ 的理论、半经验和经验公式。其中,光滑管湍流区在雷诺数 $Re \in (4\,000,$ $100\,000)$ 时,沿程阻力系数求取可采用布拉休斯经验公式:$\lambda = \dfrac{a}{Re^b}$。 假设有

$$Re_i = [10\,000, 20\,000, 30\,000, 40\,000, 50\,000, 60\,000, 70\,000, 80\,000, 90\,000];$$
$$\lambda_i = [0.031\,640, 0.026\,606, 0.024\,041, 0.022\,373, 0.021\,159,$$
$$0.020\,216, 0.019\,452, 0.018\,813, 0.018\,267]$$

试利用 MATLAB 进行最小二乘法曲线拟合:

(1)给出 a, b 值(保留至小数点后第 4 位)。
(2)给出拟合曲线:显示 $Re(10\,000, 90\,000)$ 横坐标、λ 纵坐标,显示节点分布。
(3)给出相应程序。

解答:（1）将关系式两边取对数,将其改写为: $\ln\lambda=\ln a-b\ln Re$。

再引入新变量: $\lambda'=\ln\lambda$, $Re'=\ln Re$,并记 $A=\ln a$, $B=-b$。

于是就有 $\lambda'=A+BRe'$,由已知数据可获得新的数据表如下:

k	1	2	3	4	5	6	7	8	9
$\lambda'_k=\ln\lambda_k$	−3.453 3	−3.626 6	−3.728 0	−3.799 9	−3.855 7	−3.901 3	−3.939 8	−3.973 2	−4.002 6
$Re'_k=\ln Re_k$	9.210 3	9.903 5	10.309 0	10.596 6	10.819 8	11.002 1	11.156 3	11.289 8	11.407 6

解方程组
$$\begin{bmatrix} 9 & \sum_{k=1}^{9}Re'_k \\ \sum_{k=1}^{9}Re'_k & \sum_{k=1}^{9}Re'^2_k \end{bmatrix}\begin{bmatrix} A \\ B \end{bmatrix}=\begin{bmatrix} \sum_{k=1}^{9}\lambda'_k \\ \sum_{k=1}^{9}Re'_k\lambda'_k \end{bmatrix}$$

解得　　　　　　　　　　　　$A=-1.150\ 7$, $B=-0.250\ 0$

则　　　　　　　　　　　$a=\mathrm{e}^A=0.316\ 4$, $b=-B=0.250\ 0$

（2）拟合曲线如图 2.8 所示。

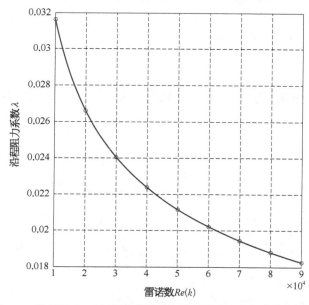

图 2.8　使用最小二乘法得到的沿程阻力系数关于雷诺数的曲线

（3）给出相应程序:

```
clear;clc;
k = 1:9;
Re = k * 10^4;
lambda = 0.3164./Re.^0.25;
```

```
R1 = log(Re);
L1 = log(lambda);
d11 = size(R1,2);
d12 = sum(R1);
d21 = d12;
d22 = sum(R1.^2);
c1 = sum(L1);
c2 = sum(R1. * L1);
jacob = det([d11,d12;d21,d22]);
a1 = det([c1,d12;c2,d22])/jacob;
b1 = det([d11,c1;d21,c2])/jacob;
a = exp(a1);
b = - b1;
R = 10000:90000;
L = a./R.^b;
hold on
grid on
plot(Re,lambda,'or',R,L,'b-');
title('使用最小二乘法得到的沿程阻力系数关于雷诺数的曲线');
xlabel('雷诺数 Re(k)');
ylabel('沿程阻力系数\lambda');
```

思考与练习

1. 证明 $f(x)$ 关于相异节点 $\{x_i\}_{i=0}^n$ 的插值多项式 $L_n(x)$ 可由下列行列式得到:

$$\begin{vmatrix} 1 & x_0 & x_0^2 & \cdots & x_0^n & f(x_0) \\ 1 & x_0 & x_0^2 & \cdots & x_0^n & f(x_0) \\ \vdots & \vdots & \vdots & & \vdots & \vdots \\ 1 & x_0 & x_0^2 & \cdots & x_0^n & f(x_0) \\ 1 & x_0 & x_0^2 & \cdots & x_0^n & L_n(x) \end{vmatrix} = 0$$

2. 设 $\{x_i\}_{i=0}^n$ 的 $n+1$ 个相异点, $\{l_i(x)\}_{i=0}^n$ 为关于 $\{x_i\}_{i=0}^n$ 的拉格朗日基函数,则

(1) $\sum\limits_{i=0}^n x_i^k l_i(x)^k$, $k=0, 1, \cdots, n$。

(2) $\sum\limits_{i=0}^n (x_i - x)^k l_i(x) = 0$, $k=0, 1, \cdots, n$。

3. 写出拉格朗日形式。

(1) $(-1, 3)$, $\left(0, \dfrac{1}{2}\right)$, $\left(\dfrac{1}{2}, 0\right)$, $(1, 1)$。

(2) $\left(-1, \dfrac{3}{2}\right)$, $(0, 0)$, $\left(\dfrac{1}{2}, 0\right)$, $\left(1, \dfrac{1}{2}\right)$。

4. 在 $-4 \leqslant x \leqslant 4$ 上给出 $f(x)=\mathrm{e}^x$ 等距节点的函数表,利用与 x 距离最近的三个节点作二次插值为 e^x 的近似值,若使其误差不超过 10^{-6},那么函数表的点距 $x_{i+1}-x_i=h$ 应取多大?

5. 由 $f(x)=\sqrt{x}$ 在离散点 $f(100)=10$,$f(121)=11$,$f(81)=9$,$f(144)=12$,用插值方法求 $\sqrt{105}$ 的近似值,并由误差公式给出误差界,同时与实际误差作比较。

6. 证明差商性质:

(1) $f(x_0,\ x_1,\ \cdots,\ x_k)=\sum\limits_{i=0}^{k} \dfrac{1}{\prod\limits_{j\neq i}(x_i-x_j)}f(x)$。

(2) 若 $f \in P_m$,则 $f(x_0,\ x_1,\ \cdots,\ x_{k-1},\ x) \in P_{m-k}$。

7. $f(x)=x^5+x^3+1$,取 $x_0=1$,$x_1=-0.8$,$x_2=0$,$x_3=0.5$,$x_4=1$. 试做出 $f(x)$ 关于 $\{x_i\}_{i=0}^{4}$ 的差商表,给出关于 $\{x_i\}_{i=0}^{3}$ 的牛顿插值形式,并由误差公式给出插值误差。

8. 用构造基函数的方法,做出满足插值条件 $H(0)=f(0)$,$H(1)=f(1)$,$H(3)=f(3)$,$H'(3)=f'(x)$ 的埃尔米特插值表达式,并给出被插函数 $f(x)$ 充分光滑时的插值误差表达。

9. 给出离散数表及端点条件 $m_0=1.000\,0$,$m_4=0.680\,0$。

x_i	0.25	0.30	0.39	0.45	0.53
y_i	0.500 0	0.540 0	0.620 0	0.670 0	0.730 0

对以上离散数值表及端点条件,做出三次样条插值函数 $S(x)$ 在各个 $[x_i,\ x_{i+1}]$ 上的表达。

10. 已知一组实验数据如下:

x	2	4	6	8
y	2	11	28	40

试用最小二乘法求一次和二次拟合多项式,并分别算出均方误差与最大偏差。

11. 用最小二乘法求一形如 $W=Ct^\gamma$ 的经验公式(其中 C 和 γ 为待定数),使与下列数据拟合:

x_i	1	2	4	8	16	32	64
y_i	4.22	4.02	3.85	3.59	3.44	3.02	2.59

12. 用最小二乘法求一形如 $y=a+bx^2$ 的多项式,使与下列数据相拟合:

x_i	19	25	31	38	44
y_i	19.0	32.3	49.0	73.3	97.8

13. 用等距插值节点计算区间 $0 \leqslant x \leqslant \pi/2$ 上函数 $x \sin x$ 的四次拉格朗日多项式。每隔 $\pi/16$ 计算一次插值误差，并画出图形。

14. 已知 $f(x) = 3\sin^2\left(\dfrac{\pi x}{6}\right)$，$x = 1.5$，$3.5$，

k	x_k	$f(x_k)$
0	0.0	0.000
1	1.0	0.75
2	2.0	2.25
3	3.0	3.0
4	4.0	2.25

试利用 MATLAB 程序：

（1）计算函数差商表。

（2）写出牛顿多项式 $N_k(x)$，$k = 1, 2, 3, 4$。

（3）在给定的 x 处求牛顿多项式 $N_k(x)$，$k = 1, 2, 3, 4$ 的值。

15. 用最小二乘法确定拟合曲线：

$x = [1.0 \quad 1.5 \quad 2.0 \quad 2.5 \quad 3.0]$；$y = [2.0 \quad 3.2 \quad 4.1 \quad 4.9 \quad 5.9]$。

第 3 章

线性方程组与非线性方程(组)求解

针对复杂系统通常可以建立线性方程或非线性方程(组)以表达系统的物理机制,即使通过给定系统的输入与边界条件,因方程复杂性,仍无法采用通常的方法获得解析解,则须依赖数值计算的迭代方法无限趋近真实值。本章针对此种无限趋近算法的不同实现方式及其收敛性、快速性作主要讨论。

3.1 解线性方程组的直接法

n 阶级线性方程组一般形式如下:

$$\left.\begin{array}{l} a_{11}x_1+a_{12}x_2+\cdots+a_{1n}x_n=b_1 \\ a_{21}x_1+a_{22}x_2+\cdots+a_{2n}x_n=b_2 \\ \cdots\cdots \\ a_{n1}x_1+a_{n2}x_2+\cdots+a_{nn}x_n=b_n \end{array}\right\} \tag{3.1}$$

用矩阵表示为
$$AX=B$$

其中,A 称为系数矩阵,X 称为解向量,B 称为常数向量,分别为:

$$A=\begin{bmatrix} a_{11} & a_{12} & \cdots & a_{1n} \\ a_{21} & a_{22} & \cdots & a_{2n} \\ \vdots & \vdots & & \vdots \\ a_{n1} & a_{n2} & \cdots & a_{nn} \end{bmatrix},\ X=\begin{bmatrix} x_1 \\ x_2 \\ \vdots \\ x_n \end{bmatrix},\ B=\begin{bmatrix} b_1 \\ b_2 \\ \vdots \\ b_n \end{bmatrix} \tag{3.2}$$

由线性代数知识可知,如果矩阵 A 非奇异,即 A 的行列式 $\det(A)\neq 0$,则方程组有唯一解:

$$x_i=\frac{D_i}{D}\quad(i=1,2,\cdots,n) \tag{3.3}$$

其中,$D=\det(A)$,为矩阵 A 的行列式值,Di 为 i 列换成 B 后的行列式值。

此种解方程方法,尽管理论上可以实现求解,但工作量通常大得难以容忍。实际求解线性代数方程组的数值计算方法主要有两种:消去法/迭代法。消去法优点在于可事先估计工作量,但计算过程存在误差,并有可能出现错误或者说不稳定;迭代法优点在于简单,便于编制计算机程序,但在迭代法中必须考虑迭代收敛性与收敛速度快慢问题。

本节介绍解线性方程组的直接法,主要包括高斯消去法和列主元法。

3.1.1 高斯消去法

高斯消去法包括消元和回代两个过程,举例说明如下。
例 3.1 求解线性代数方程组

$$\left.\begin{array}{l}2x_1-x_2-x_3=4\\3x_1+4x_2-2x_3=11\\3x_1-2x_2+4x_3=11\end{array}\right\} \qquad (3.4)$$

解答：将该线性方程组写成增广矩阵形式：

$$\begin{bmatrix}2 & -1 & -1 & 4\\3 & 4 & -2 & 11\\3 & -2 & 4 & 11\end{bmatrix}$$

高斯消去法求解过程如下：

通过消元，将方程组系数矩阵变成右上三角矩阵，且对角线元素为 1。

(1) 归一化。将第一个方程所有系数及右端常数均除以 2，得

$$\begin{bmatrix}1 & -\dfrac{1}{2} & -\dfrac{1}{2} & 2\\3 & 4 & -2 & 11\\3 & -2 & 4 & 11\end{bmatrix}$$

(2) 消元。第 2 方程减去第 1 方程的 3 倍；第 3 方程减去第 1 方程 3 倍，得

$$\begin{bmatrix}1 & -\dfrac{1}{2} & -\dfrac{1}{2} & 2\\0 & \dfrac{11}{2} & -\dfrac{1}{2} & 5\\0 & -\dfrac{1}{2} & \dfrac{11}{2} & 5\end{bmatrix}$$

(3) 依次归一化。将第 2 个方程所有系数及右端常数除以 $\dfrac{11}{2}$，得

$$\begin{bmatrix}1 & -\dfrac{1}{2} & -\dfrac{1}{2} & 2\\0 & 1 & -\dfrac{1}{11} & \dfrac{10}{11}\\0 & -\dfrac{1}{2} & \dfrac{11}{2} & 5\end{bmatrix}$$

(4) 依次消元。将第 3 个方程所有系数与右端常数减去第 2 个方程的 $\left(-\dfrac{1}{2}\right)$ 倍，得

$$\begin{bmatrix}1 & -\dfrac{1}{2} & -\dfrac{1}{2} & 2\\0 & 1 & -\dfrac{1}{11} & \dfrac{10}{11}\\0 & 0 & \dfrac{60}{11} & \dfrac{60}{11}\end{bmatrix}$$

此时,方程组已被等价变为上三角形方程组:

$$\begin{cases} x_1 - \dfrac{1}{2}x_2 - \dfrac{1}{2}x_3 = 2 \\[2mm] x_2 - \dfrac{1}{11}x_3 = \dfrac{10}{11} \\[2mm] \dfrac{60}{11}x_3 = \dfrac{60}{11} \end{cases}$$

从最后一个方程解出 $x_3 = 1$,将 $x_3 = 1$ 代入倒数第 2 个方程,解出 $x_2 = 1$,将 $x_3 = 1$、$x_2 = 1$,代入倒数第 3 个即第 1 个方程,解出 $x_1 = 3$。

通过此例题,可进一步归纳高斯消去法。

第一大步,即消元:

将系数矩阵 $\boldsymbol{A}$ 经过一系列初等变换变成右上三角矩阵,对角线元素为 1,常数向量 $\boldsymbol{B}$ 做相应变换,即

$$\begin{bmatrix} a_{11} & a_{12} & \cdots & a_{1n} & b_1 \\ a_{21} & a_{22} & \cdots & a_{2n} & b_2 \\ \vdots & \vdots & & \vdots & \vdots \\ a_{n1} & a_{n2} & & a_{nn} & b_n \end{bmatrix} \rightarrow \begin{bmatrix} 1 & a_{12} & \cdots & a_{1n} & b_1 \\ 0 & 1 & \cdots & a_{2n} & b_2 \\ \vdots & \vdots & & \vdots & \vdots \\ 0 & 0 & & a_{nn} & b_n \end{bmatrix} \tag{3.5}$$

为实现上述目的,分为两个小步骤:归一化→消元。即:对于 k 从 1 开始到 $n-1$。

$$k = g \quad (g = 1, 2, \cdots, n) \tag{3.6}$$

第 k 个对角线元素归 1,其他作相应调整,k 列之前不用算,最终要让它为零。

首先归一化:

$$a_{kj}/a_{kk} \rightarrow a_{kj}, \ j = k+1, \cdots, n, \ b_k/a_{kk} \rightarrow b_k \tag{3.7}$$

$$k = k+1 \tag{3.8}$$

第 k 行 k 列元素归一之后,下面每行开始消元,只须计算每行列相同元素后面的值,前面的值正在为零。

其次消元:

$$a_{ij} - a_{ik}a_{kj} \rightarrow a_{ij}, \ b_i - a_{ik}b_k \rightarrow b_i, \ i, j = k+1, \cdots, n \tag{3.9}$$

再执行:$g = g+1$,n 次循环,直到变为右上三角矩阵。

第二大步,即回代:

根据右上三角矩阵(3.5)最后 1 个方程求出 x_n(如果第一大步 g 循环执行到第 n 步,则 $a_{nn} = 1$)。

接着将 x_n 代入倒数第 2 个方程,求 x_{n-1}。

再接着将 x_n 和 x_{n-1} 代入倒数第 3 个方程,求出 x_{n-2}。

归纳如下:

$$x_k \rightarrow b_k - \sum_{j=k+1}^{n} a_{kj}x_j \quad (k=n-1, n-2, \cdots, 2, 1) \tag{3.10}$$

由此,通过高斯消去法获得方程组解。

3.1.2 列主元法

高斯消去法特点在于循环执行过程中,需要计算多次乘法及减法,其主要问题在于数值计算的稳定性,如:

(1) 当 $a_{kk}=0$ 时(分母出现0),计算中断。

(2) 即使 $a_{kk} \neq 0$,但绝对值过小,损失精度,甚至产生溢出。

例3.2 求解线性方程组:

$$\begin{bmatrix} 0.001 & 2.000 & 3.000 \\ -1.000 & 3.712 & 4.623 \\ -2.000 & 1.072 & 5.643 \end{bmatrix} \begin{bmatrix} x_1 \\ x_2 \\ x_3 \end{bmatrix} = \begin{bmatrix} 1.000 \\ 2.000 \\ 3.000 \end{bmatrix} \tag{3.11}$$

精确解(4位有效数字):$x^* = (-0.490\,4, -0.051\,04, 0.367\,5)^T$。

解答:方法一:用高斯消去法求解。

$$\begin{bmatrix} 0.001 & 2.000 & 3.000 \\ -1.000 & 3.712 & 4.623 \\ -2.000 & 1.072 & 5.643 \end{bmatrix} \begin{vmatrix} 1.000 \\ 2.000 \\ 3.000 \end{vmatrix} \rightarrow \begin{bmatrix} 0.001 & 2.000 & 3.000 \\ 0 & 2004 & 3005 \\ 0 & 0 & 5.000 \end{bmatrix} \begin{vmatrix} 1.000 \\ 1002 \\ 2.000 \end{vmatrix}$$

计算解为

$$x' = (-0.400, -0.099\,80, 0.400\,0)^T$$

显然此结果是个很"坏"的结果,不能作为方程组的近似解。其原因在于消元计算时用了小主元0.001,使得约化后的方程组元素数量级大大增大,经再舍入使得在计算(3,3)元素时发生了严重的相消情况[(3,3)元素舍入到第4位数字的正确值是5.922],因此经消元后得到的方程组就不准确了。

方法二:变换行,避免绝对值小的主元作除数。

$$\begin{bmatrix} \boxed{-2.000} & 1.072 & 5.643 \\ -1.000 & \boxed{3.712} & 4.623 \\ 0.001 & 2.000 & \boxed{3.000} \end{bmatrix} \begin{vmatrix} 3.000 \\ 2.000 \\ 1.000 \end{vmatrix} \rightarrow \begin{bmatrix} -2.000 & 1.072 & 5.643 \\ 0 & 3.716 & 1.801 \\ 0 & 0 & 1.868 \end{bmatrix} \begin{vmatrix} 3.000 \\ 0.500\,0 \\ 0.687\,0 \end{vmatrix}$$

计算解为

$$x'' = (-0.490\,0, -0.051\,13, 0.367\,8)^T \approx x^*$$

由此例可知:对角线元素绝对值最大,则不易出现上述问题。为了避免上述高斯消去法数值计算中的不稳定性,一般要在每次归一化之前增加一个选主元的过程:将绝对值最大或较大的元素交换到主元素位置(a_{kk})。

列主元的主要思想是,从第 1 步开始,当变换到第 k 步时,从 k 列 a_{kk} 以下(包括 a_{kk})的元素中选出绝对值最大者,然后通过行变换将它交换到主元素 a_{kk} 的位置上。

交换系数矩阵的两行,相当于交换了两个方程的位置,不影响求解的结果。列主元保证当前 a_{kk} 为 k 列中最大的元素,这样保证 a_{kk} 至少不为零,避免问题(1),分母为零。

特殊情况下,即使获得 k 列中最大值作为 a_{kk},避免零值,但 a_{kk} 绝对值依然可能比较小,如果继续从 k 行中寻找最大值,可进一步避免过小 a_{kk} 情况,称为全主元法。

由于在选全主元时,会消耗较多的机器时间,故主要使用的还是列主元法。

3.2　解线性方程组的迭代法

3.2.1　迭代法的基本概念

考虑线性方程组

$$Ax = b \tag{3.12}$$

其中 A 为非奇异矩阵。

按前节内容,可利用(选主元)消去法获得方程组的解。但是,对于工程项目中的大型稀疏矩阵(A 的阶数 n 较大,同时零元素较多),使用消去法可能不稳定,计算量也较大。而使用迭代法则可利用零元素特点,在内存和计算效率等方面具有一定优势。

本节内容包括"迭代法基本概念""雅可比迭代法""高斯-塞德尔迭代法"和"松弛迭代加速法"。下面举例说明迭代法的基本思想。

例 3.3　如求解线性方程组:

$$\left.\begin{array}{r}8x_1 - 3x_2 + 2x_3 = 20\\ 4x_1 + 11x_2 - x_3 = 33\\ 6x_1 + 3x_2 + 12x_3 = 36\end{array}\right\} \tag{3.13}$$

记为 $Ax = b$,其中

$$A = \begin{bmatrix} 8 & -3 & 2\\ 4 & 11 & -1\\ 6 & 3 & 12 \end{bmatrix},\ x = \begin{bmatrix} x_1\\ x_2\\ x_3 \end{bmatrix},\ b = \begin{bmatrix} 20\\ 33\\ 36 \end{bmatrix}$$

实际上此方程组的精确解是

$$x^* = [3, 2, 1]^T$$

现将方程组(3.13)改写如下:

$$\left.\begin{array}{l} x_1 = \dfrac{1}{8}(3x_2 - 2x_3 + 20) \\[2mm] x_2 = \dfrac{1}{11}(-4x_1 + x_3 + 33) \\[2mm] x_3 = \dfrac{1}{12}(-6x_1 - 3x_2 + 36) \end{array}\right\} \tag{3.14}$$

写成 $\boldsymbol{x} = \boldsymbol{Bx} + \boldsymbol{f}$，则有

$$\boldsymbol{B} = \begin{bmatrix} 0 & \dfrac{3}{8} & -\dfrac{2}{8} \\[2mm] -\dfrac{4}{11} & 0 & \dfrac{1}{11} \\[2mm] -\dfrac{6}{12} & -\dfrac{3}{12} & 0 \end{bmatrix}, \quad \boldsymbol{f} = \begin{bmatrix} \dfrac{20}{8} \\[2mm] \dfrac{33}{11} \\[2mm] \dfrac{36}{12} \end{bmatrix}$$

任取初始值，例如令 $\boldsymbol{x}^{(0)} = [0, 0, 0]^T$；代入式(3.14)，得 $\boldsymbol{x}$ 的新解 $\boldsymbol{x}^{(1)} = [x_1^{(1)}, x_2^{(1)}, x_3^{(1)}]^T = [2.5, 3, 3]^T$，一般不是精确解；于是再将 $\boldsymbol{x}^{(1)}$ 代入式(3.14)，得到 $\boldsymbol{x}^{(2)}$，反复利用这个程序，得到迭代公式

$$\left.\begin{array}{l} x_1^{(k+1)} = (0x_1^{(k)} + 3x_2^{(k)} - 2x_3^{(k)} + 20)/8 \\[1mm] x_2^{(k+1)} = (-4x_1^{(k)} + 0x_2^{(k)} + x_3^{(k)} + 33)/11 \\[1mm] x_3^{(k+1)} = (-6x_1^{(k)} - 3x_2^{(k)} + 36)/12 \end{array}\right\} \tag{3.15}$$

每次获得的 x 解

$$\boldsymbol{x}^{(0)} = \begin{bmatrix} 0 \\ 0 \\ 0 \end{bmatrix} = \begin{bmatrix} x_1^{(0)} \\ x_2^{(0)} \\ x_3^{(0)} \end{bmatrix}, \quad \boldsymbol{x}^{(1)} = \begin{bmatrix} x_1^{(1)} \\ x_2^{(1)} \\ x_3^{(1)} \end{bmatrix}, \cdots, \boldsymbol{x}^{(k)} = \begin{bmatrix} x_1^{(k)} \\ x_2^{(k)} \\ x_3^{(k)} \end{bmatrix}, \cdots$$

式(3.15)简写为

$$\boldsymbol{x}^{(k+1)} = \boldsymbol{Bx}^{(k)} + \boldsymbol{f} \tag{3.16}$$

其中，k 表示迭代次数($k = 0, 1, 2, \cdots$)。

迭代到第 10 次，$\boldsymbol{x}^{(10)} = (3.000\,032, 1\,999\,874, 0.999\,881)^T$，$\| \boldsymbol{\varepsilon}^{(10)} \| \max = 0.000\,125$。可见此例中，伴随迭代次数的增加，$\boldsymbol{x}^{(k)}$ 愈发趋向于精确解 $\boldsymbol{x}^*$。

但由 $\boldsymbol{Ax} = \boldsymbol{b}$ 任意变形得到的 $\boldsymbol{x} = \boldsymbol{Bx} + \boldsymbol{f}$ 迭代，是否都逼近精确解 $\boldsymbol{x}^*$ 呢? 回答是不一定。

迭代法的收敛性问题：

定义 3.1 对于给定的线性方程组 $\boldsymbol{x} = \boldsymbol{Bx} + \boldsymbol{f}$ 设有唯一解 $\boldsymbol{x}^*$，则有

$$x^* = Bx^* + f \tag{3.17}$$

又设 $x^{(0)}$ 为 初始解向量,按如下公式构造解向量序列

$$x^{(k+1)} = Bx^{(k)} + f \quad (k = 0, 1, 2, \cdots) \tag{3.18}$$

称为一阶定常迭代法。

如果 $\lim_{k \to \infty} x^{(k)}$ 存在(无限接近于 x^*),则称此迭代法收敛,否则迭代法发散。

引进误差向量 $\varepsilon^{(k+1)}$

$$\varepsilon^{(k+1)} = x^{(k+1)} - x^* \tag{3.19}$$

由式(3.16) $x^{(k+1)} = Bx^{(k)} + f$ 减去式(3.17) $x^* = Bx^* + f$ 得:$\varepsilon^{(k+1)} = B\varepsilon^{(k)}$,以此类推

$$\varepsilon^{(k)} = B\varepsilon^{(k-1)} = B^2 \varepsilon^{(k-2)} = \cdots = B^k \varepsilon^{(0)} \tag{3.20}$$

由于 $\varepsilon^{(0)}$ 是个具有一定值的向量,则 $\varepsilon^{(k)} \to 0 (k \to \infty)$ 的条件为 $B^k \to 0(k \to \infty)$。根据线性代数基本原理,$B^k \to 0 \ (k \to \infty)$ 等价于矩阵 B 的谱半径 $\rho(B) < 1$,即矩阵 B 最大特征值的模小于 1。

例 3.4　考查线性方程组(3.13)按迭代公式(3.15)迭代的收敛性。

即线性方程组(3.13)

$$\begin{cases} 8x_1 - 3x_2 + 2x_3 = 20 \\ 4x_1 + 11x_2 - x_3 = 33 \\ 6x_1 + 3x_2 + 12x_3 = 36 \end{cases}$$

按迭代公式(3.15)计算:

$$\left. \begin{aligned} x_1^{(k+1)} &= (0x_1^{(k)} + 3x_2^{(k)} - 2x_3^{(k)} + 20)/8 \\ x_2^{(k+1)} &= (-4x_1^{(k)} + 0x_2^{(k)} + x_3^{(k)} + 33)/11 \\ x_3^{(k+1)} &= (-6x_1^{(k)} - 3x_2^{(k)} + 36)/12 \end{aligned} \right\} \tag{3.21}$$

解答:求迭代矩阵 B 的特征根。由特征方程:

$$\det(\lambda I - B) = \begin{vmatrix} \lambda & -3/8 & 1/4 \\ 4/11 & \lambda & -1/11 \\ 1/2 & 1/4 & \lambda \end{vmatrix} = 0$$

可得　　　　　　　　$\lambda^3 + 0.034\,090\,909\lambda + 0.039\,772\,727 = 0$

解得　　　$\lambda_1 = -0.308\,2, \ \lambda_2 = 0.154\,1 + i0.324\,5, \ \lambda_3 = 0.154\,1 - i0.324\,5;$
　　　　　　$|\lambda_2| = |\lambda_3| = 0.359\,2 < 1, \ |\lambda_1| < 1$

可见，$\rho(\boldsymbol{B}) < 1$，由迭代格式(3.15)解线性方程组(3.13)是收敛的。

如果已经判定迭代公式是收敛的，那如何控制迭代过程的约束呢？即精确解通常是不知道的，计算何时可以终止呢？

通常收敛情况下，伴随计算次数的增加，$\boldsymbol{x}^{(k+1)} \to \boldsymbol{x}^{(k)}$，由此，通常在计算开始之前，给出精度要求 ξ。

即直接给出条件：

$$\max_{1 \leqslant i \leqslant n} |x_i^{(k+1)} - x_i^{(k)}| < \xi \tag{3.22}$$

判断计算何时终止。

3.2.2　雅可比迭代法

雅可比迭代法保证收敛的条件是矩阵 $\boldsymbol{A}(\boldsymbol{Ax} = \boldsymbol{b})$ 为严格的行对角占优矩阵，对于每一行，对角线上的元素之绝对值大于其余元素绝对值的和。需要说明的是：即使不满足此条件，雅可比法有时仍可收敛。

线性方程组(3.23)已经给出了雅可比迭代法的情形。求 $\boldsymbol{Ax} = \boldsymbol{b}$ 解的雅可比法计算公式为：

$$\left.\begin{array}{l} x^{(0)} = (x_1^{(0)}, x_2^{(0)}, \cdots, x_n^{(0)}) \\ x_i^{(k+1)} = (b_i - \sum\limits_{j=1, j \neq i}^{n} a_{ij} x_j^{(k)})/a_{ii} \end{array}\right\} \tag{3.23}$$

式中，$i = 1, 2, \cdots, n$ 表示解向量个数；$k = 0, 1, \cdots$ 表示迭代次数，$\boldsymbol{A}$ 为行对角占优矩阵。

3.2.3　高斯-塞德尔迭代法

高斯-塞德尔迭代法与雅可比迭代法类似，区别在于雅可比每次迭代时只用前面一次的迭代值，而高斯-塞德尔迭代法能充分利用最新的迭代值。

即在高斯-塞德尔迭代法中，当进行第 $(k+1)$ 次迭代计算解向量 x 中的元素 $x_i^{(k+1)}$ 时，前面的 $i-1$ 元素已经算出了第 $(k+1)$ 次迭代值（即 $x_j^{(k+1)}$，$j = 1, 2, \cdots, i-1$），高斯-塞德尔迭代法要求接下来的 $n-(i-1)$ 解向量元素直接使用已经算出的 $x_j^{(k+1)}$，$j = 1, 2, \cdots, i-1$。

高斯-塞德尔迭代法公式为：

$$\left.\begin{array}{l} x^{(0)} = (x_1^{(0)}, x_2^{(0)}, \cdots, x_n^{(0)}) \\ x_i^{(k+1)} = (b_i - \sum\limits_{j=1}^{i-1} a_{ij} x_j^{(k+1)} - \sum\limits_{j=i+1}^{n} a_{ij} x_j^{(k)})/a_{ii} \end{array}\right\} \tag{3.24}$$

其中，$i = 1, 2, \cdots, n$ 表示解向量个数；$k = 0, 1, \cdots$ 表示迭代次数。

需要指出的是，高斯-塞德尔法与雅可比法收敛范围仅部分重合。另外，相对而言，高斯-塞德尔进行了超前迭代，收敛速度增快。

例3.5　对比雅可比迭代和高斯－塞德尔迭代求解仿真组，见表 3.1 与表3.2。

$$\left.\begin{array}{l}10x_1-x_2-2x_3=7.2\\-x_1+10x_2-2x_3=8.3\\-x_1-x_2+5x_3=4.2\end{array}\right\} \quad (3.25)$$

解答：（1）雅可比迭代：

$$\left.\begin{array}{l}x_1^{(k+1)}=0.1x_2^{(k)}+0.2x_3^{(k)}+0.72\\x_2^{(k+1)}=0.1x_1^{(k)}+0.2x_3^{(k)}+0.83\\x_3^{(k+1)}=0.2x_1^{(k)}+0.2x_2^{(k)}+0.84\end{array}\right\} \quad (3.26)$$

（2）高斯-塞德尔迭代：

$$\left.\begin{array}{l}x_1^{(k+1)}=0.1x_2^{(k)}+0.2x_3^{(k)}+0.72\\x_2^{(k+1)}=0.1x_1^{(k+1)}+0.2x_3^{(k)}+0.83\\x_3^{(k+1)}=0.2x_1^{(k+1)}+0.2x_2^{(k+1)}+0.84\end{array}\right\} \quad (3.27)$$

表3.1　雅可比迭代计算结果

k	$x_1^{(k)}$	$x_2^{(k)}$	$x_3^{(k)}$
0	0.000 00	0.000 00	0.000 00
1	0.720 00	0.830 00	0.840 00
2	0.971 00	1.070 00	1.115 00
3	1.057 00	1.157 10	1.242 82
4	1.085 35	1.185 34	1.282 82
5	1.095 10	1.195 10	1.291 44
6	1.098 34	1.198 34	1.295 04
7	1.099 44	1.994 44	1.299 34
8	1.099 81	1.199 81	1.299 78
9	1.099 90	1.199 94	1.299 92
10	1.099 98	1.199 80	1.299 98
11	1.099 99	1.199 99	1.299 99
12	1.100 00	1.200 00	1.300 00
13	1.100 00	1.200 00	1.300 00

表 3.2 高斯-塞德尔迭代计算结果

k	$x_1^{(k)}$	$x_2^{(k)}$	$x_3^{(k)}$
0	0.000 00	0.000 00	0.000 00
1	0.720 00	0.902 00	1.644 00
2	1.043 08	1.167 19	1.282 05
3	1.093 13	1.195 72	1.297 78
4	1.099 13	1.199 47	1.299 72
5	1.099 89	1.199 93	1.299 96
6	1.099 99	1.199 99	1.300 00
7	1.100 00	1.200 00	1.300 00
8	1.100 00	1.200 00	1.300 00

实际上,该方程组的准确解为: $x_1=1.1$, $x_2=1.2$, $x_3=1.3$。表 3.1 和表 3.2 分别给出了雅可比法迭代和高斯-塞德尔迭代的计算结果,其中前者使用了 13 次迭代,后者仅使用 8 次,可见高斯-塞德尔迭代收敛速度较快。

需要指出的是,雅可比迭代是一种同步迭代,伴随近期计算机并行计算技术的发展,雅可比法将体现出较大的计算速度优势。

3.2.4 松弛加速法

使用迭代法求解线性方程组时,除了考虑迭代法收敛性之外,还要尽量考虑收敛速度。松弛法是一种线性加速收敛的方法。

以高斯-塞德尔法为例,由高斯-塞德尔迭代法计算得到的第 $(k+1)$ 次迭代解向量理应为

$$x_i^{(k+1)} = (b_i - \sum_{j=1}^{i-1} a_{ij}x_j^{(k+1)} - \sum_{j=i+1}^{n} a_{ij}x_j^{(k)})/a_{ii} \tag{3.28}$$

然后计算这个第 $(k+1)$ 次迭代值与第 k 次迭代值的差,即 $x_i^{(k+1)}-x_i^k$。将此差值乘以一系数 ω 再加上第 k 次迭代值,作为真正的第 $(k+1)$ 次迭代值:

$$x_i^{(k+1)} = x_i^k + \omega(x_i^{(k+1)} - x_i^k) \tag{3.29}$$

获得松弛法加速迭代格式:

$$x_i^{(k+1)} = (1-\omega)x_i^k + \omega(b_i - \sum_{j=1}^{i-1} a_{ij}x_j^{(k+1)} - \sum_{j=i+1}^{n} a_{ij}x_j^{(k)})/a_{ii} \tag{3.30}$$

其中,ω 称为松弛因子。$\omega>1$,超松弛法;$\omega=1$,高斯-塞德尔迭代法;$\omega<1$,低松弛法。

例 3.6 使用松弛加速法求解线性方程组[精确解 $x^*=(-1,-1,-1,-1)$]

$$\begin{bmatrix} -4 & 1 & 1 & 1 \\ 1 & -4 & 1 & 1 \\ 1 & 1 & -4 & 1 \\ 1 & 1 & 1 & -4 \end{bmatrix} \begin{bmatrix} x_1 \\ x_2 \\ x_3 \\ x_4 \end{bmatrix} = \begin{bmatrix} 1 \\ 1 \\ 1 \\ 1 \end{bmatrix} \tag{3.31}$$

解答： 设初值 $x^{(0)}=(0,0,0,0)$，按松弛加速法迭代公式为

$$\left. \begin{aligned} x_1^{(k+1)} &= x_1^{(k)} - \omega(1+4x_1^{(k)}-x_2^{(k)}-x_3^{(k)}-x_4^{(k)})/4 \\ x_2^{(k+1)} &= x_2^{(k)} - \omega(1-x_1^{(k+1)}+4x_2^{(k)}-x_3^{(k)}-x_4^{(k)})/4 \\ x_3^{(k+1)} &= x_3^{(k)} - \omega(1-x_1^{(k+1)}-x_2^{(k+1)}+4x_3^{(k)}-x_4^{(k)})/4 \\ x_4^{(k+1)} &= x_4^{(k)} - \omega(1-x_1^{(k+1)}-x_2^{(k+1)}-x_3^{(k+1)}+4x_4^{(k)})/4 \end{aligned} \right\} \tag{3.32}$$

取不同 ω 值，迭代次数见表 3.3。从本例看出，松弛因子选择越好，收敛大大加速。本例 $\omega=1.3$ 是最佳松弛因子。

表 3.3　例 3.6 计算数据

松弛因子 ω	满足误差 $\|x^{(k)}-x^*\|<10^{-5}$ 迭代次数	松弛因子 ω	满足误差 $\|x^{(k)}-x^*\|<10^{-5}$ 迭代次数
1.0	22 次	1.5	17 次
1.1	17 次	1.6	23 次
1.2	12 次	1.7	33 次
1.3	11 次	1.8	53 次
1.4	14 次	1.9	109 次

如须严格保证迭代收敛，一般要求 $0<\omega<1$。但在实际应用时，可以根据系数矩阵的性质以及反复计算的经验来选定合适的松弛因子，以加快收敛速度。

3.3　非线性方程求解概念与二分法

本节主要讨论单变量非线性方程

$$f(x)=0, \quad x \in R, \quad f(x) \subset [a,b] \tag{3.33}$$

的求根问题。

在科学与工程计算中有大量的方程求根问题，其中一类特殊的问题是求多项式方程

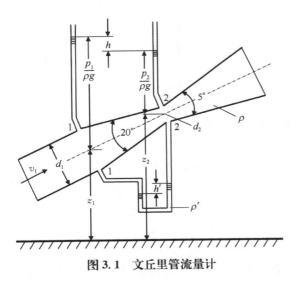

图 3.1　文丘里管流量计

$$f(x) = a_0 + a_1 x^1 + \cdots + a_n x^n = 0 \tag{3.34}$$

的根(其中 a_i 为实数，$i = 0, 1, \cdots, n$)。

如图 3.1 所示为文丘里管流量计：液体以一定的流量速度从左侧流入，右侧流出，可利用上侧压力表压力值的测量计算流量，也可通过下侧压差计压差值的测量计算流量。如果使用压力表测量，则流量表达式为

$$q_V = C_q k \sqrt{\left(\frac{p_1}{\rho g} + z_1\right) - \left(\frac{p_2}{\rho g} + z_2\right)}$$

$$\approx C_q k \sqrt{\frac{p_1}{\rho g} - \frac{p_2}{\rho g}} \tag{3.35}$$

式中　q_V——(体积)流量；

　　　p_1——上游压力(压强)；

　　　p_2——下游压强；

　　　ρ——液体密度；

　　　g——当地重力加速度；

　　　z_1 和 z_2——分别为压力表液面相对起始面的高度；

　　　C_q 和 k——分别为流量系数和仪器系数，一般为常数。

如将待求流量用变量 x 表示，则式(3.35)可进一步转换为

$$f(x) = -C_q^2 k^2 \rho g \Delta p + x^2 = 0 \tag{3.36}$$

即为一个关于 x 的二阶多项式非线性方程，其中，$a_0 = -C_q^2 k^2 \rho g \Delta p$，$a_1 = 0$，$a_2 = 1$。该方程在数学上有两个不重根，在工程上仅有正数根是合适的。

对于一般情况而言，设 x^* 为 $f(x) = 0$ 的根(x^* 又可称为函数 $f(x)$ 的零点)；若 $f(x)$ 可分解为 $f(x) = (x - x^*)^m g(x)$，其中 m 为整数，且 $g(x^*) \neq 0$。则当 $m = 1$ 时，称 x^* 为单根，当 $m > 1$ 时，称 x^* 为式(3.36)即 $f(x) = 0$ 的 m 重根(或函数 $f(x)$ 的 m 重零点)。

若 x^* 为函数 $f(x)$ 的 m 重零点，且 $g(x)$ 充分光滑，则有

$$f(x^*) = f'(x^*) = \cdots = f^{(m-1)}(x^*) = 0, \quad f^{(m)}(x^*) \neq 0 \tag{3.37}$$

当函数形式为

$$f(x) = a_0 + a_1 x^1 + \cdots + a_n x^n = 0 \tag{3.38}$$

根据代数基本定理可知，n 次方程在复数域中有且只有 n 个根(包含复数根，m 重根)。

$n = 1, 2$ 时，方程的根大家熟知其解法；$n = 3, 4$ 时，虽然求根公式比较复杂，但可在

数学手册中查找；当 $n \geqslant 5$ 时，就无法用公式表示方程的根了。通常对于 $n \geqslant 3$ 的多项式方程或一般的连续方程 $f(x)$，都可采用迭代法求根，即先给出根 x^* 的一个近似值，然后通过某种迭代形式无限逼近 x^*，如：

若 $f(x) \subset [a, b]$，且 $f(a) \cdot f(b) < 0$，根据连续函数的性质可知 $f(x) = 0$ 在区间 (a, b) 内必然有一实根，此时称 $[a, b]$ 为方程 $f(x) = 0$ 的根区间。

例 3.7 求方程 $f(x) = x^3 - 11.1x^2 + 38.8x - 41.77 = 0$ 的根区间。

解答： 根据根区间定义，对 $f(x) = 0$ 的根进行搜索计算，结果见表 3.4。

表 3.4 方程根区间搜寻

x	0	1	2	3	4	5	6
$f(x)$ 的符号	$-$	$-$	$+$	$+$	$-$	$-$	$+$

由此可见，方程的有根区间为 $[1, 2]$，$[3, 4]$，$[5, 6]$，且此方程至少有 3 个实根，由于其为 3 次多项式方程组，则有且只有 3 个实根。

在此基础上，介绍一种求根方法，称为二分法。严格讲，二分法迭代的是区间，不是根。如图 3.2 所示，二分法计算步骤如下：

(1) 考查有根区间 $[a, b]$，取中点 $x_0 = (a+b)/2$ 将其分为两半。

(2) 假设 x_0 不是 $f(x) = 0$ 的根，则须进行搜索，即检查 $f(x_0)$ 与 $f(a)$ 是否同号。

(3) 如果同号，则说明根 x^* 在 x_0 的右侧，这时区间迭代：令 $a_1 = x_0$，$b_1 = b$。

(4) 如果异号，则说明根 x^* 在 x_0 的左侧，这时区间迭代：令 $a_1 = a$，$b_1 = x_0$。

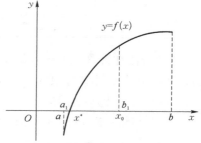

图 3.2 二分法示意图

(5) 不论出现哪种情况，新迭代后的根区间 $[a_1, b_1]$ 长度仅为原区间 $[a, b]$ 一半。

(6) 根据同号异号判定，搜索新的区间，再求区间一半。

(7) 重复上述过程，则 $[a, b] \supset [a_1, b_1] \supset [a_2, b_2] \supset \cdots \supset [a_k, b_k] \supset \cdots$

(8) 最终 $[a_k, b_k]$ 区间长度为 $[a, b]$ 区间长度的 $1/2^k$，当 $k \to \infty$ 时，区间无限小，取得中点值无限逼近 x^*，此方法必然收敛。

二分法 $x_0 = (a+b)/2$，$x_k = (a_k + b_k)/2$，得到中点序列 x_0，x_1，$\cdots$，x_k，必然无限逼近 x^*。在实际计算时，不可能无限制的完成计算过程，其实也没这个必要，因为数值分析结果允许一定的误差。

由于
$$|x^* - x_k| \leqslant (b_k - a_k)/2 \leqslant (b-a)/2^k \leqslant (b-a)/2^{k+1} \tag{3.39}$$

只要 k 足够大，$(b-a)/2^{k+1}$ 必然小于某个极小值 ε，则有

$$|x^* - x_k| < \varepsilon \tag{3.40}$$

称此 ε 为预定的精度(ε 已知,则 k 得知)。

例 3.8 求方程 $f(x)=x^3-x-1=0$ 在区间 $[1.0,1.5]$ 内的一个实根,预定精度 $\varepsilon=0.005$。

解答: 根据式 3.40 和 3.41,有 $\dfrac{b-a}{2^{k+1}}<\varepsilon=0.005$,解得 $k>5.64$,取 $k=0,1,2,3,\cdots,6$,即仅须计算 6 次即可获得预定精度的根。

计算过程与结果见表 3.5。

表 3.5　例 3.9 计算过程与结果

k	a_k	b_k	x_k	$f(x_k)$ 符号
0	1.0	1.5	1.25	－
1	1.25		1.375	＋
2		1.375	1.312 5	－
3	1.312 5		1.343 8	＋
4		1.343 8	1.328 1	＋
5		1.328 1	1.320 3	－
6	1.320 3		1.324 2	－

二分法在计算机上很容易实现,其逻辑顺序如下:

(1) 准备:计算有根区间 $[a,b]$ 端点的 $f(a)$ 和 $f(b)$。

(2) 二分计算:计算 $f(x)$ 在区间中点 $(a+b)/2$ 处的值 $f((a+b)/2)$。

(3) 判断:若 $f((a+b)/2)=0$,则 $(a+b)/2$ 即为根,计算过程结束,否则检验。

(4) 若 $f((a+b)/2)\cdot f(a)<0$,则 $(a+b)/2$ 取代 b,否则 $(a+b)/2$ 取代 a。

反复计算步骤(2)(3),直到新区间 $[a_k,b_k]$ 长度小于允许误差 ε,此时的中点 $(a_k+b_k)/2$ 即为所求近似根。

二分法优点在于算法简单,且必然收敛,缺点在于收敛太慢。故一般不用于直接求根,而可用于求近似初始值。

3.4　非线性方程迭代法求解及其收敛性

3.4.1　不动点迭代法

将方程(3.33) $f(x)=0$ 改成

$$x=\varphi(x) \tag{3.41}$$

若 x^* 为 $f(x)=0$ 的根,则 $x^*=\varphi(x^*)$;反之亦然。称 x^* 为函数的一个不动点。

选择一个初始近似值 x_0,代入式(3.41) $x=\varphi(x)$,得 $x_1=\varphi(x_0)$

如此往复,迭代计算:

$$x_{k+1}=\varphi(x_k) \quad (k=0,1,\cdots) \tag{3.42}$$

$\varphi(x)$称为迭代函数,如果对于任何 $x_0\in[a,b]$,由式(3.42)得到的序列 $\{x_k\}$ 有极限 $\lim_{k\to\infty}x_k\to x^*$,则称式(3.42)收敛,且 $x^*=\varphi(x^*)$ 为 $\varphi(x)$ 的不动点,故称(3.42)为不动点迭代法。

上述迭代法是一种逐次逼近的方法,其基本思想是将隐式方程(3.33)$f(x)=0$归结为显示的计算公式(3.41)$x=\varphi(x)$。迭代过程实质上是逐步显示化的过程。

用几何图像来形象理解迭代过程,方程 $x=\varphi(x)$的求根问题等价为求 x,y 平面上两条曲线$y=x$ 和 $y=\varphi(x)$ 的交点问题,如图 3.3 所示。

在实根存在的前提下,两条曲线必然存在交点,即 $y=x^*=\varphi(x^*)$(即 P^* 点)。

对于 x^* 的某个初始近似值 x_0,在 $y=\varphi(x)$ 曲线上可确定一点 $P_0(x_0,\varphi(x_0))$,而 $x_1=y_1=\varphi(x_0)$,由此引出曲线 $y=x$ 上一点 $Q_1(x_1,y_1)$,即 $(\varphi(x_0),\varphi(x_0))$。

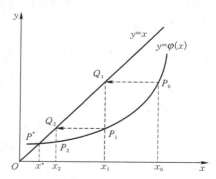

图 3.3　迭代过程的图像示意

由此再引出曲线 $y=\varphi(x)$ 上一点 $P_1(x_1,\varphi(x_1))$,其中 $x_1=\varphi(x_0)$,由此再得到点 $Q_2,P_2,\cdots$,最终,点序列 $\{P_k\}\to P^*$,相应的迭代值 $x_k\to x^*$。

例 3.9　求方程:$f(x)=x^3-x-1=0$ 在 $x_0=1.5$ 附近的根 x^*。

解答:利用两种等价迭代形式:$x=\sqrt[3]{x+1}$;$x=x^3-1$ 进行对比计算。

第一种迭代

$$x_{k+1}=\sqrt[3]{x_k+1} \tag{3.43}$$

其计算结果见表 3.6。

表 3.6　例 3.10 第一种迭代结果

k	x_k	k	x_k
0	1.5	5	1.324 76
1	1.357 21	6	1.324 73
2	1.330 86	7	1.324 72
3	1.325 88	8	1.324 72
4	1.324 94		

第二种迭代

$$x_{k+1}=x_k^3-1 \tag{3.44}$$

其计算结果见表 3.7。

表 3.7 例 3.10 第二种迭代结果

k	x_k
0	1.5
1	2.375
2	12.9

由数据表 3.6 看出,第一种迭代在第七步之后,结果就几乎相同了,可以认为此时已经满足方程,1.324 72 即为方程的根。第二种迭代过程是发散的,即使迭代无数次,依然无法得到正确结果。

3.4.2 不动点的存在性与迭代法的收敛性

首先考查 $\varphi(x)$ 在 $[a,b]$ 上不动点的存在且唯一性。

定理 3.1 设 $\varphi(x) \in [a,b]$ 满足如下两个条件:

(1) 对任意 $x \in [a,b]$,有 $a \leqslant \varphi(x) \leqslant b$。

(2) 存在常数 $0 < L < 1$,对于任意 $x,y \in [a,b]$,都有

$$|\varphi(x) - \varphi(y)| \leqslant L|x-y| \tag{3.45}$$

则 $\varphi(x)$ 在 $[a,b]$ 上存在唯一的不动点 x^*。

证明: ① 不动点存在性。

如若 $\varphi(a)=a$ 或 $\varphi(b)=b$,则 $\varphi(x)$ 不动点即为 a 或 b,显然存在。

如若 $a < \varphi(x) < b$,根据给定的条件,可设 $\varphi(a) > a$ 且 $\varphi(b) < b$。

定义函数: $f(x) = \varphi(x) - x$。

显然 $f(x) \in [a,b]$,且满足 $f(a) = \varphi(a) - a > 0$,$f(b) = \varphi(b) - b < 0$。

因 $f(a)f(b) < 0$,故在 (a,b) 内存在 x^*,使得 $f(x^*)=0$,即 $x^* = \varphi(x^*)$。则 x^* 为 $\varphi(x)$ 不动点,存在,证毕。

② 不动点唯一性。

设 x_1^* 和 $x_2^* \in [a,b]$ 都为 $\varphi(x)$ 不动点。

则由式(3.45) $|\varphi(x) - \varphi(y)| \leqslant L|x-y|$ 得

$$|x_1^* - x_2^*| = |\varphi(x_1^*) - \varphi(x_2^*)| \leqslant L|x_1^* - x_2^*| < |x_1^* - x_2^*| \tag{3.46}$$

此式不成立,故满足条件(1)(2)的 $\varphi(x)$ 不动点是唯一的。

定理 3.2 设 $\varphi(x) \in [a,b]$ 满足定理 3.1 中的两个条件,则对于任意 $x_0 \in [a,b]$,由式(3.42)得到的迭代序列 $\{x_k\}$ 收敛到 $\varphi(x)$ 的不动点 x^*,且有误差估计:

$$|x_k - x^*| \leqslant \frac{L^k}{1-L}|x_1 - x_0|, \quad 0 < L < 1 \tag{3.47}$$

证明: ① 收敛性。

设 $x^* \in [a,b]$ 是 $\varphi(x)$ 在 $[a,b]$ 上的不动点,由定理 3.1 条件(1)可知,迭代后的

$x_k = \varphi(x_{k-1}) \in [a, b]$，即 $x_k \in [a, b]$，故 x_k 可利用条件(2)

$$|x_k - x^*| = |\varphi(x_{k-1}) - \varphi(x^*)| \leqslant L|x_{k-1} - x^*| = L|\varphi(x_{k-2}) - \varphi(x^*)|$$
$$\leqslant L^2|x_{k-2} - x^*| \cdots \leqslant L^k|x_0 - x^*|$$

因 $0 < L < 1$，故当 $k \to \infty$ 时，序列 $\{x_k\}$ 收敛于 x^*。

② 误差估计。

上述证明已指出任意 $x_k \in [a, b]$，则可利用定理 3.1 条件(2)，即式(3.46)得

$$|x_{k+1} - x_k| = |\varphi(x_k) - \varphi(x_{k-1})| \leqslant L|x_k - x_{k-1}| \tag{3.48}$$

反复递推，得

$$|x_{k+1} - x_k| \leqslant L^k|x_1 - x_0| \tag{3.49}$$

则对任意整数 p，有

$$|x_{k+p} - x_k| \leqslant |x_{k+p} - x_{k+p-1}| + |x_{k+p-1} - x_{k+p-2}| + \cdots + |x_{k+1} - x_k|$$
$$\leqslant (L^{k+p-1} + L^{k+p-2} + \cdots + L^k)|x_1 - x_0| \leqslant \frac{L^k}{1-L}|x_1 - x_0|$$

当 $p \to \infty$，则 $k + p \to \infty$，则 $x_{k+p} \to x^*$，则上式整理为：$|x^* - x_k| = |x_k - x^*| \leqslant \dfrac{L^k}{1-L}|x_1 - x_0|$，得证。

上述推导中，为方便理解，作如下解释：

(1) $|x_{k+p} - x_{k+p-1}| \leqslant L^{k+p-1}|x_1 - x_0|$ 的证明，可参考式(3.49)，将 $k + p - 1$ 视为"k"。

(2) $(L^{k+p-1} + L^{k+p-2} + \cdots + L^k) \leqslant \dfrac{L^k}{1-L}$ 的证明：当

$$p \to \infty, \quad 1 - L^p \leqslant 1$$

即
$$(L^{p-1} + L^{p-2} + \cdots + L^1 + 1) - (L^p + L^{p-1} + \cdots + L^1) \leqslant 1$$

即
$$(L^{p-1} - L^p) + (L^{p-2} - L^{p-1}) + \cdots + (1 - L) \leqslant 1$$

即
$$(L^{p-1} + L^{p-2} + \cdots + L + 1) \leqslant \frac{1}{1-L}$$

即
$$(L^{k+p-1} + L^{k+p-2} + \cdots + L^k) \leqslant \frac{L^k}{1-L}$$

得证。

迭代过程是个求极限的过程，在使用迭代法进行实际计算时，必须按精度要求控制迭代次数，误差估计式(3.47)原则上可以用于确定迭代次数，但由于含有未知量 L 而不便于实际应用。

但根据式(3.48)，有

$$|x_{k+p} - x_k| \leqslant (L^{p-1} + L^{p-2} + \cdots + L + 1)|x_{k+1} - x_k| \leqslant \frac{1}{1-L}|x_{k+1} - x_k|,\ \text{令}$$

$p \to \infty$，则 $x_{k+p} \to x^*$，上式变为 $|x_k - x^*| \leqslant \dfrac{1}{1-L}|x_{k+1} - x_k|$。

由上式可见，误差求取弱化了 L 的比重，而是更加强调两次相邻迭代之间的差值，往往定义两次迭代差值足够小，来获得足够的精度。

对于定理 3.1 中的条件(2)，在使用时如果 $\varphi(x) \in C^1[a, b]$，且对于任意 $x \in [a, b]$，有

$$|\varphi'(x)| \leqslant L < 1 \tag{3.50}$$

则有 $\xi \in [a, b]$，$|\varphi'(\xi)(x-y)| \leqslant L|x-y|$。

根据中值定理

$$|\varphi(x) - \varphi(y)| = |\varphi'(\xi)(x-y)|$$

则推导出 $|\varphi(x) - \varphi(y)| \leqslant L|x-y|$。

由此，式(3.50)等价于定理 3.1 条件(2)，可作为收敛判断的另一依据。如 $f(x) = x^3 - x - 1 = 0$，取 $\varphi(x) = \sqrt[3]{x+1}$，则 $\varphi'(x) = \dfrac{1}{3}(x+1)^{-\frac{2}{3}}$，区间 $[1, 2]$ 内，$\varphi'(x)\max = \dfrac{1}{3}\left(\dfrac{1}{4}\right)^{1/3} < 1$，满足式(3.50)；同时 $1 \leqslant \sqrt[3]{2} \leqslant \varphi(x) \leqslant \sqrt[3]{3} \leqslant 2$，满足条件 1，所以迭代法是收敛的。

如取 $\varphi(x) = x^3 - 1$，则 $\varphi'(x) = 3x^2$，在区间 $[1, 2]$ 中 $\varphi'(x) > 1$，不满足式(3.50)，故不收敛。

3.4.3　局部收敛与收敛阶

上述迭代序列 $\{x_k\}$ 在区间 $[a, b]$ 上的收敛性，通常称为全局收敛性，有时不易检查收敛条件，实际应用时通常仅考虑不动点 x^* 邻近处的收敛性，称局部收敛性，收敛判断也相对简化。

定义 3.2　设 $\varphi(x)$ 有不动点 x^*，如果存在 x^* 的某个领域 R：$|x - x^*| \leqslant \delta$（极小值），并且对于任意初始值 $x_0 \in R$，通过式(3.42) $x_{k+1} = \varphi(x_k)$ 获得的序列 $\{x_k\} \in R$，且收敛于 x^*，则迭代局部收敛。

定理 3.3　设 $\varphi(x)$ 有不动点 x^*，$\varphi'(x)$ 在 x^* 某个邻域内连续，且仅 $|\varphi'(x)| < 1$，则迭代法局部收敛。

由连续函数性质，存在 x^* 的某个领域 R：$|x - x^*| \leqslant \delta$ 对于任意 $x \in R$ 成立。

根据题意：$|\varphi'(x)| \leqslant L < 1$，对比定理 3.1 已获得收敛条件(1)。则须进一步证明：$|\varphi(x) - x^*| \leqslant \delta$。

证明：$|\varphi(x) - x^*| = |\varphi(x) - \varphi(x^*)| \leqslant L|x - x^*| \leqslant |x - x^*| \leqslant \delta$。

证明完毕。

例 3.10　用不同形式迭代求 $f(x)=x^2-3=0$ 的根 $x^*=\sqrt{3}$。

解答： 无法算出 $\sqrt{3}$ 的精确值，所以需要迭代计算，$x=\varphi(x)$ 可写成如下形式，并做收敛判断：

(1) $\varphi(x)=x^2+x-3$，$\varphi'(x)=2x+1$，$|\varphi'(x^*)|=|2\sqrt{3}+1|>1$。

(2) $\varphi(x)=3/x$，$\varphi'(x)=-3/x^2$，$|\varphi'(x^*)|=|-1|=1$。

(3) $\varphi(x)=x-\dfrac{1}{4}(x^2-3)$，$\varphi'(x)=1-\dfrac{1}{2}x$，$|\varphi'(x^*)|\approx|0.314|<1\ (\neq0)$。

(4) $\varphi(x)=\dfrac{1}{2}\left(x+\dfrac{3}{x}\right)$，$\varphi'(x)=\dfrac{1}{2}\left(1-\dfrac{3}{x^2}\right)$，$|\varphi'(x^*)|=|0|<1\ (=0)$。

取 $x_0=2$，对上述四种形式迭代计算，计算三步得如下结果，见表 3.8。

表 3.8　例 3.10 迭代计算结果对比

k	x_k	迭代法(1)	迭代法(2)	迭代法(3)	迭代法(4)
0	x_0	2	2	2	3
1	x_1	3	1.5	1.75	1.75
2	x_2	9	2	1.734 475	1.732 143
3	x_3	87	1.5	1.732 361	1.732 051
⋮	⋮	⋮	⋮	⋮	⋮

实际上 $\sqrt{3}=1.732\,050\,8$，从计算结果看，迭代法(1)(2)不收敛，收敛条件的判断已经说明了此问题；迭代法(3)(4)均收敛，但迭代法(4)收敛速度更快，原因在于迭代法(4)有 $\varphi'(x^*)=\dfrac{1}{2}\left(1-\dfrac{3}{\sqrt{3}^2}\right)=0$。

定义 3.3　为衡量迭代形式收敛速度的快慢，可给出如下定义：

设迭代过程 $x_{k+1}=\varphi(x_k)$ 收敛于迭代形式 $x=\varphi(x)$ 的根 x^*；定义迭代误差 $e_k=x_k-x^*$，当 $k\to\infty$ 时，如可成立关系式：$\dfrac{e_{k+1}}{e_k^p}=C$ $(C\neq0$，为常值)，则称该迭代过程收敛，且为 p 阶收敛。

当 $p=1$ 时，称为线性收敛；$p=2$ 时，称平方收敛；$p>1$ 时称为超线性收敛；p 值越大，收敛速度越快。由此得到，

定理 3.4　对于迭代过程 $x_{k+1}=\varphi(x_k)$，如果 $\varphi^{(p)}(x)$ 在所求根 x^* 附近连续，并有

$$\varphi^{(1)}(x^*)=\varphi^{(2)}(x^*)=\cdots=\varphi^{(p-1)}(x^*)=0,\ \varphi^{(p)}(x^*)\neq0 \tag{3.51}$$

则称该迭代过程在 x^* 附近是 p 阶收敛的。

证明： 因 $\varphi^{(1)}(x^*)=0<1$，则此迭代具有收敛性。

将 $\varphi(x_k)$ 在 x^* 处做泰勒展开，有

$$\varphi(x_k) = \varphi(x^*) + \frac{\varphi^{(1)}(x^*)}{1!}(x_k - x^*)^1 + \frac{\varphi^{(2)}(x^*)}{2!}(x_k - x^*)^2 +$$

$$\cdots + \frac{\varphi^{(p-1)}(x^*)}{(p-1)!}(x_k - x^*)^{p-1} + \frac{\varphi^{(p)}(x^*)}{p!}(x_k - x^*)^p + R_p(x_k)$$

$$= \varphi(x^*) + \frac{\varphi^{(p)}(x^*)}{p!}(x_k - x^*)^p$$

根据 $\varphi(x)$ 的连续可微性质,得

$$\varphi(x_k) = \varphi(x^*) + \frac{\varphi^{(p)}(x^*)}{p!}(x_k - x^*)^p$$

又 $$\varphi(x_k) = x_{k+1}, \quad \varphi(x^*) = x^*$$

则 $$x_{k+1} - x^* = \frac{\varphi^{(p)}(x^*)}{p!}(x_k - x^*)^p$$

即 $$\frac{e_{k+1}}{e_k^p} = \frac{\varphi^{(p)}(x^*)}{p!} = C \neq 0$$

得证。

如例 3.10 中:

迭代法(3)有 $\varphi(x) = x - \dfrac{1}{4}(x^2 - 3)$, $\varphi'(x^*) = 0.314 \neq 0$, 收敛, $p=1$, 线性收敛;

迭代法(4)有 $\varphi(x) = \dfrac{1}{2}\left(x + \dfrac{3}{x}\right)$, $\varphi'(x^*) = 0$, $\varphi''(x^*) = \dfrac{6}{(\sqrt{3})^3} = \dfrac{2}{\sqrt{3}} \neq 0$, $p=2$,

2 阶或平方收敛。

3.5 非线性方程迭代加速收敛方法

3.5.1 埃特金加速收敛方法

对于确认收敛的迭代过程,只要迭代足够多次,就可使结果达到足够的精度;但有时迭代过程收敛缓慢,从而使计算量非常庞大。因此迭代过程收敛的快速性是一个重要的课题。

设 x_0 是根 x^* 的某一个近似值,使用迭代公式迭代一次计算得到:

$$x_1 = \varphi(x_0) \tag{3.52}$$

由微分中值定理,可得

$$x_1 - x^* = \varphi(x_0) - \varphi(x^*) = \varphi'(\xi)(x_0 - x^*) \tag{3.53}$$

其中, ξ 介于 x_0 和 x^* 之间。

假设 $\varphi'(x)$ 变化不大,可近似认为 $\varphi'(x) = L$, L 为某一常值,则有

$$x_1 - x^* \approx L(x_0 - x^*) \tag{3.54}$$

再迭代一次,则有

$$x_2 - x^* = \varphi(x_1) - \varphi(x^*) = \varphi'(\xi)(x_1 - x^*) \approx L(x_1 - x^*) \tag{3.55}$$

与式(3.54) $x_1 - x^* = L(x_0 - x^*)$ 联立,有

$$\frac{x_1 - x^*}{x_2 - x^*} \approx \frac{x_0 - x^*}{x_1 - x^*} \tag{3.56}$$

由此推出

$$\begin{aligned}
x^* &\approx \frac{x_0 x_2 - x_1^2}{x_2 - 2x_1 + x_0} = \frac{x_0 x_2 - 2x_1 x_0 + x_0^2 - (x_1^2 - 2x_1 x_0 + x_0^2)}{x_2 - 2x_1 + x_0} \\
&= x_0 - \frac{(x_1 - x_0)^2}{x_2 - 2x_1 + x_0}
\end{aligned} \tag{3.57}$$

由此给出新的迭代公式

$$\bar{x}_{k+1} = x_k - \frac{(x_{k+1} - x_k)^2}{x_k - 2x_{k+1} + x_{k+2}} \tag{3.58}$$

式(3.58)称为埃特金加速方法。即迭代获得 x_k 和 x_{k+1} 后,利用式(3.58)获得 $\bar{x}_{k+1}$,作为新的 x_{k+1}。

可以证明
$$\lim_{k \to \infty} \frac{\bar{x}_{k+1} - x^*}{x_k - x^*} = 0$$

表明此种新的迭代格式 $\{\bar{x}_k\}$ 相比不动点迭代 $\{x_k\}$ 的收敛速度更快。

3.5.2　斯蒂芬森迭代法

将埃特金加速技巧与不动点迭代相结合,可获得斯蒂芬森迭代法。

记：$x_{k+1} = \varphi(x_k)$, $x_{k+2} = \varphi(x_{k+1})$。

再记：$\xi(x_k) = \varphi(x_k) - x_k$, $\xi(x_{k+1}) = \varphi(x_{k+1}) - x_{k+1}$。

基于 $(x_k, \xi(x_k))$, $(x_{k+1}, \xi(x_{k+1}))$ 可建立线性插值函数,得

$$\xi(x) = \xi(x_k) + \frac{\xi(x_{k+1}) - \xi(x_k)}{x_{k+1} - x_k}(x - x_k) \tag{3.59}$$

目标在于求 $x = \varphi(x)$ 的根 x^*,即使式(3.59)函数值为零;假设在利用不动点迭代基础上,使用埃特金加速技巧,"实施(虚拟)$k+1$ 步",令误差函数为零,获得

$$\xi(\bar{x}_{k+1}) = \xi(x_k) + \frac{\xi(x_{k+1}) - \xi(x_k)}{x_{k+1} - x_k}(\bar{x}_{k+1} - x_k) = 0 \tag{3.60}$$

则
$$\bar{x}_{k+1} = x_k - \frac{\xi(x_k)}{\xi(x_{k+1}) - \xi(x_k)}(x_{k+1} - x_k) \tag{3.61}$$

又根据不动点迭代,有

$$\left.\begin{array}{l} \xi(x_k) = \varphi(x_k) - x_k = x_{k+1} - x_k \\ \xi(x_{k+1}) = \varphi(x_{k+1}) - x_{k+1} = x_{k+2} - x_{k+1} \end{array}\right\} \qquad (3.62)$$

则有
$$\bar{x}_{k+1} = x_k - \frac{(x_{k+1} - x_k)^2}{x_{k+2} - 2x_{k+1} + x_k} \quad (k = 0, 1, \cdots) \qquad (3.63)$$

如上即为斯蒂芬森迭代,即

$$\bar{x}_{k+1} = \psi(x_k) \qquad (3.64)$$

已知 x_k,通过原 $\varphi(x)$ 迭代函数,获得 x_{k+1},x_{k+2},通过 x_k,x_{k+1},x_{k+2} 获得 $\bar{x}_{k+1}$,作为新的 x_{k+1};在此基础上通过原 $\varphi(x)$,获得 x_{k+2},x_{k+3};以此反复。

写成函数形式,有

$$\psi(x) = x - \frac{[\varphi(x) - x]^2}{\varphi(\varphi(x)) - 2\varphi(x) + x} \qquad (3.65)$$

对于斯蒂芬森迭代[式(3.65)],有如下局部收敛定理。

定理 3.5 若 x^* 为式(3.65)定义的迭代函数 $\psi(x)$ 的不动点,则 x^* 为 $\varphi(x)$ 的不动点。反之,若 x^* 为 $\varphi(x)$ 的不动点,设 $\varphi''(x)$ 存在,且 $\varphi'(x^*) \neq 1$,则 x^* 是 $\psi(x)$ 的不动点,且斯特芬森迭代法是二阶收敛的。

注:证明见文献[6]。

例 3.11 求解 $f(x) = x^3 - x - 1 = 0$ 的根。

解答:例 3.10 已指出,利用迭代形式 $x_{k+1} = x_k^3 - 1$,使用传统迭代法迭代是发散的,无法获得正确结果。利用斯蒂芬森迭代法,初值 $x_0 = 1.5$。

迭代形式为:$\bar{x}_{k+1} = x_k - \dfrac{(x_{k+1} - x_k)^2}{x_{k+2} - 2x_{k+1} + x_k}$,迭代计算结果见表 3.9。

表 3.9　3.13 迭代计算结果

k	$x_k(\bar{x}_{k+1})$	x_{k+1}	x_{k+2}
0	1.5	2.375 00	12.396 5
1	1.416 29	1.840 92	5.238 88
2	1.355 65	1.491 40	2.317 28
3	1.328 95	1.347 10	1.444 35
4	1.324 80	1.325 18	1.327 14
5	1.324 72		

由表中数据可见,原不动点迭代是发散的,而斯蒂芬森迭代法仍可能收敛。

3.6　非线性方程求解的牛顿法

3.6.1　牛顿法及其收敛性

对于方程 $f(x)=0$，如果 $f(x)$ 本身即为线性方程，则求其根不用任何的迭代，可简单获得。牛顿法就是利用这种思路，将非线性方程 $f(x)=0$ 归结为逐步的线性方程求解（注意牛顿法为局部收敛）。

设已知方程 $f(x)=0$ 有近似根 x_k，x_k 在 x^* 附近，且 $f'(x_k)\neq 0$，可将 $f(x)$ 在 x_k 处近似泰勒展开，有

$$f(x)=f(x_k)+f'(x_k)(x-x_k) \tag{3.66}$$

由此，$f(x)=0$ 转为

$$f(x_k)+f'(x_k)(x-x_k)=0 \tag{3.67}$$

推出

$$x=x_k-\frac{f(x_k)}{f'(x_k)}$$

获得迭代形式

$$x_{k+1}=x_k-\frac{f(x_k)}{f'(x_k)}\quad (k=0,1,\cdots) \tag{3.68}$$

或

$$\varphi(x)=x-\frac{f(x)}{f'(x)} \tag{3.69}$$

即牛顿法。

牛顿法的近似线性展开 $f(x)=f(x_k)+f'(x_k)(x-x_k)$，有明确几何解释，如图 3.4 所示。

目标：$f(x)=0$，即获得曲线 $y=f(x)$ 和 $y=0$ 的交点 x^*。

牛顿法即在曲线 $y=f(x)$ 上一点 $P_k(x_k,f(x_k))$ 处，通过近似线性展开，获得点 P_k 处 $y=f(x)$ 曲线的切线：$y=f(x_k)+f'(x_k)(x-x_k)$。

令此切线与 $y=0$ 相交获得 x_{k+1}。

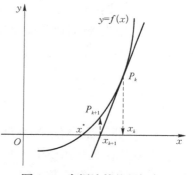

图 3.4　牛顿法的几何解释

由 x_{k+1} 获得点 $P_{k+1}(x_{k+1},f(x_{k+1}))$，再通过近似线性展开，获得点 P_{k+1} 处 $y=f(x)$ 曲线的切线。

以此类推，当 $k\rightarrow\infty$ 时，$x_k\rightarrow x^*$。

由于这种几何背景，牛顿法亦称切线法。

关于牛顿法的收敛性：

因 $\varphi(x) = x - \dfrac{f(x)}{f'(x)}$，有

$$\varphi'(x) = \frac{f(x)f''(x)}{[f'(x)]^2} \quad \left(\left(\frac{1}{f(x)} \right)' = -\frac{1}{f(x)^2} \cdot f'(x) \right)$$

则 $\varphi'(x^*) = 0 < 1$，局部收敛，且平方收敛（$f'(x^*) \neq 0$，$f(x^*) = 0$）。

关于牛顿法的收敛快速性叙述如下：

例 3.12　使用牛顿法解方程 $f(x) = x e^x - 1 = 0$。

解答：牛顿公式为 $x_{k+1} = x_k - \dfrac{f(x_k)}{f'(x_k)} = x_k - \dfrac{x_k - e^{-x_k}}{1 + x_k}$，取初始值 $x_0 = 0.5$ 进行迭代，结果见表 3.10。

表 3.10　例 3.12 迭代计算结果

k	x_k
0	0.5
1	0.571 02
2	0.567 16
3	0.567 14

若采用不动点迭代，方程 $x e^x - 1 = 0$ 可等价为 $\varphi(x) = x = e^{-x}$，须计算 17 次。可见，牛顿法收敛速度是很快的。

由此归纳牛顿法的计算步骤如下：

(1) 准备：选定初始近似值 x_0，计算 $f_0 = f(x_0)$，$f_0' = f'(x_0)$。

(2) 迭代：$x_1 = x_0 - f_0/f_0'$。

(3) 比较：绝对误差或相对误差 $\delta < \xi$（ξ 为设定误差限）。其中

$$\delta = \begin{cases} |x_1 - x_0|, & \text{当} |x_1| < 1 \text{ 时} \\ \dfrac{|x_1 - x_0|}{|x_1|}, & \text{当} |x_1| \geqslant 1 \text{ 时} \end{cases}$$

(4) 判断：若条件(3)满足，计算结束。若条件(3)不满足：

若迭代次数达到设定上限，计算结束；

若没达到计算次数上限，但出现 $f' = 0$，计算结束；

若没达到计算次数上限，且 $f' \neq 0$，进行下一次迭代。

3.6.2　牛顿法对于开方运算恒收敛

对于给定的正数 C，应用牛顿法解二次方程：$x^2 - C = 0$。

根据牛顿法，得出求 C 开方的迭代程序：

$$x_{k+1} = \frac{1}{2}\left(x_k + \frac{C}{x_k}\right) \tag{3.70}$$

现证明,此种迭代公式,对于任意初始值 $x_0 > 0$,都是收敛的。

证明: 对式(3.70)进行改造,获得

$$\left. \begin{array}{l} x_{k+1} - \sqrt{C} = \dfrac{1}{2x_k}(x_k - \sqrt{C})^2 \\[3mm] x_{k+1} + \sqrt{C} = \dfrac{1}{2x_k}(x_k + \sqrt{C})^2 \end{array} \right\} \tag{3.71}$$

方程(3.71)两式相除得

$$\frac{x_{k+1} - \sqrt{C}}{x_{k+1} + \sqrt{C}} = \left(\frac{x_k - \sqrt{C}}{x_k + \sqrt{C}}\right)^2 \tag{3.72}$$

如此往复,得

$$\frac{x_{k+1} - \sqrt{C}}{x_{k+1} + \sqrt{C}} = \left(\frac{x_0 - \sqrt{C}}{x_0 + \sqrt{C}}\right)^{2^k} \tag{3.73}$$

记: $q = \dfrac{x_0 - \sqrt{C}}{x_0 + \sqrt{C}}$,则 $\dfrac{x_{k+1} - \sqrt{C}}{x_{k+1} + \sqrt{C}} = q^{2^k}$。 得

$$x_{k+1} - \sqrt{C} = 2\sqrt{C}\,\frac{q^{2^k}}{1 - q^{2^k}}$$

$$x_0 > 0,\ |q| < 1,\ k \to \infty,\ q^{2^k} \to 0,\ x_{k+1} \to \sqrt{C}$$

得证。

3.6.3　简化牛顿法和牛顿下山法

牛顿法的优点是收敛快,但也有缺点。缺点一是每迭代一步,都须计算 $f(x_k)$ 和 $f'(x_k)$,计算量较大,且有时 $f'(x_k)$ 的计算较为困难;缺点二是初值通常须是近似值,即 x_0 须在 x^* 附近,仅局部收敛,若 x_0 取值不当,则可能不收敛。

为克服上述缺点,通常可采用下述方法:

(1) 简化牛顿法;

(2) 牛顿下山法。

1) 简化牛顿法——平行弦法

迭代公式

$$x_{k+1} = x_k - Cf(x_k) \quad (C \neq 0;\ k = 0, 1, \cdots) \tag{3.74}$$

迭代函数：$\varphi(x) = x - Cf(x)$。

收敛条件：$|\varphi'(x^*)| < 1$，即 $|1 - Cf'(x^*)| < 1$，也仅满足局部收敛，但可减少计算量，加速收敛。通常取 $C = \dfrac{1}{f'(x_0)}$，则 $\varphi(x) = x - \dfrac{f(x)}{f'(x_0)}$。

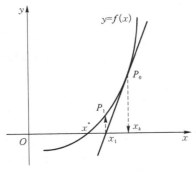

图 3.5　简化牛顿法的几何解释

几何意义：比较牛顿法 $\varphi(x) = x - \dfrac{f(x)}{f'(x)}$ 和简化牛顿法 $\varphi(x) = x - \dfrac{f(x)}{f'(x_0)}$。如图 3.5，与牛顿法不同，简化牛顿法在首次通过 x_0 取值 x_1 时，使用了曲线 $y = f(x)$ 上点 $P_0(x_0, f(x_0))$ 的切线，与曲线 $y = 0$ 相交获得 x_1。

接下来在 P_1 点，不再作切线，而是作首条切线的平行线，获得 x_2，在满足收敛条件前提下，无限逼近 x^*。

2）牛顿下山法

牛顿法或简化牛顿法，依赖初值 x_0 的选择，若初值 x_0 偏离 x^* 较远，则有可能发散。

例 3.13　用牛顿法求解 $f(x) = x^3 - x - 1 = 0$。

解答： 此方程在 $x = 1.5$ 附近有一根 $x^* = 1.324\,72$。

使用牛顿法：$x_{k+1} = x_k - \dfrac{x_k^3 - x_k - 1}{3x_k^2 - 1}$，$x_0 = 1.5$，计算得到：$x_1 = 1.347\,83$，$x_2 = 1.325\,20$，$x_3 = 1.324\,72$（6 位有效数字）。

还是使用牛顿法：$x_{k+1} = x_k - \dfrac{x_k^3 - x_k - 1}{3x_k^2 - 1}$，$x_0 = 0.6$，计算得到：$x_1 = 17.9$，比初值 $x_0 = 0.6$ 更加偏离实际所求根。

为防止发散，添加一项要求，即迭代单调，要求：$|f(x_{k+1})| < |f(x_k)|$，为满足此要求：将通过牛顿法获得的 $x_{k+1} = x_k - \dfrac{f(x_k)}{f'(x_k)} = \bar{x}_{k+1}$（暂时）；再利用暂时的 $\bar{x}_{k+1}$ 与 x_k 作适当加权平均，获得改进后的 x_{k+1}，称为牛顿下山法。即有

$$x_{k+1} = \lambda \bar{x}_{k+1} + (1 - \lambda)x_k \tag{3.75}$$

方法：

从 $\lambda = 1$ 开始，计算 x_{k+1}，看 $|f(x_{k+1})| < |f(x_k)|$ 是否满足。

若不满足，λ 通常不断的取其一半，直到满足为止。

例 3.14　用牛顿下山法求解 $f(x) = x^3 - x - 1 = 0$，根 $x^* = 1.324\,72$。

解答： 初值取 $x_0 = 0.6$，则有 $x_1 = 17.6$，$|f(x_1)| < |f(x_0)|$，不满足要求。

λ 减半,发现直到 $\lambda = \dfrac{1}{32}$ 时,$x_1 = 1.140\ 625$,$|f(x_1)| = |-0.656\ 643| < |-1.384| = |f(x_0)|$,满足添加要求。

由 x_1 计算 x_2,x_3 时,用不到加权平均,即可获得 $|f(x_{k+1})| < |f(x_k)|$ 的添加要求,由此得到计算结果:

$$x_2 = 1.361\ 81,\ f(x_2) = 0.186\ 6$$
$$x_3 = 1.326\ 28,\ f(x_3) = 0.006\ 67$$
$$x_4 = 1.324\ 72,\ f(x_4) = 0.000\ 008\ 6$$

x_4 即为 x^* 的近似。一般情况下只要能使条件 3.77 满足,则可得到 $\lim\limits_{k \to \infty} f(x_k = 0)$,从而使得 $\{x_k\}$ 收敛。

3.6.4　重根情形

1) 方法一(沿用牛顿法)

设 $f(x) = (x - x^*)^m g(x)$,整数 $m \geqslant 2$,且 $g(x^*) \neq 0$,则称 x^* 为方程 $f(x) = (x - x^*)^m g(x) = 0$ 的 m 重根。此时有:$f(x^*) = f'(x^*) = \cdots = f^{(m-1)}(x^*) = 0$,$f^{(m)}(x^*) \neq 0$。

因为 x_k 只能无限逼近 x^*,不可能严格等于 x^*,故仅需 $f'(x_k) \neq 0$,仍可使用牛顿法 $\varphi(x) = x - \dfrac{f(x)}{f'(x)}$ 进行迭代计算。

因 $\varphi'(x^*) = 1 - \dfrac{1}{m} \neq 0$,且 $|\varphi'(x^*)| < 1$,故牛顿法局部收敛,但仅线性收敛(一阶收敛)。

2) 方法二

若在牛顿法 $\varphi(x) = x - \dfrac{f(x)}{f'(x)}$ 基础上,构造成 $\varphi(x) = x - m \dfrac{f(x)}{f'(x)}$,其中 m 为重根数。

此时 $\varphi'(x^*) = 1 - m \cdot \dfrac{1}{m} = 0$,$|\varphi'(x^*)| < 1$,此方法二阶收敛,但前提是知道重根个数 m。

3) 方法三

构造求重根的迭代法,还可令 $\mu(x) = f(x)/f'(x)$。

若 x^* 是 $f(x) = 0$ 的 m 重根,则 $\mu(x) = \dfrac{f(x)}{f'(x)} = \dfrac{(x - x^*)g(x)}{mg(x) + (x - x^*)g'(x)}$,按 x^* 是 $f(x) = 0$ 的 m 重根定义,$g(x^*) \neq 0$,则 x^* 为 $\mu(x)$ 的单根。

或者说 x^* 是 $\mu(x)=0$ 的单根。由此,对 $\mu(x)$ 使用牛顿法,其迭代函数为 $\varphi(x)=x-\dfrac{\mu(x)}{\mu'(x)}=x-\dfrac{f(x)f'(x)}{[f'(x)]^2-f(x)f''(x)}$。

其迭代格式为:$x_{k+1}=x_k-\dfrac{f(x_k)f'(x_k)}{[f'(x_k)]^2-f(x_k)f''(x_k)}$,$k=0,1,\cdots$

方法三也是二阶收敛的。

例 3.15 方程 $x^4-4x^2+4=0$,$x^*=\sqrt{2}=1.414\,213\,562$;取初值 $x_0=1.5$,使用上述三种方法求根。

解答:先求出三种方法的迭代公式。

(1)方法一(牛顿法):$x_{k+1}=x_k-\dfrac{x_k^2-2}{4x_k}$。

(2)方法二:$x_{k+1}=x_k-\dfrac{x_k^2-2}{2x_k}$。

(3)方法三:$x_{k+1}=x_k-\dfrac{x_k^2-2}{x_k^2+2}$。

取初值 $x_0=1.5$,计算结果见表 3.11。

表 3.11 例 3.15 三种方法迭代计算结果

k	x_k	方法一	方法二	方法三
1	x_1	1.458 333 333	1.416 666 667	1.411 764 706
2	x_2	1.436 607 143	1.412 156 86	1.414 211 38
3	x_3	1.425 497 619	1.414 213 562	1.414 213 562

对比真实值 $x^*=\sqrt{2}=1.414\,213\,562$,方法二、三用 3 步迭代即可达到 10 位有效数字,而牛顿法要 10 步。

3.7 非线性方程求解的弦截法与抛物线法

牛顿法将非线性方程 $f(x)=0$ 归结为逐步的线性方程求解,公式为 $\varphi(x)=x-\dfrac{f(x)}{f'(x)}$。

但是当 $f(x)$ 比较复杂时,求解 $f'(x)$ 并非易事,由此在牛顿法基础上介绍了简化牛顿法,取点 $P_0(x_0,f(x_0))$ 的切线及其系列平行线,在满足收敛条件前提下,无限逼近 x^*,但还是离不开求导环节。

为此,是否可以利用已求得的函数值 $f(x_{k-1})$,$f(x_k)$,$\cdots$,来回避求导数值 $f'(x_k)$? 答案是肯定的,下面介绍两种方法,此两种方法建立在插值原理的基础上。

3.7.1　弦截法

如图 3.6 所示,牛顿法于点 P_k 处求 $y=f(x)$ 切线,为了不计算 $f'(x_k)$,在函数 $y=f(x)$ 上找两点(而不是一点),即 $P_{k-1}(x_{k-1}, f(x_{k-1}))$ 和 $P_k(x_k, f(x_k))$。

构建线性插值函数 $y=P_1(x)$ 逼近 $y=f(x)$,记

$$P_1(x)=f(x_k)+\frac{f(x_k)-f(x_{k-1})}{x_k-x_{k-1}}(x-x_k)$$

(3.76)

令 $P_1(x)=0$,即求 $f(x)=0$ 的近似根,得

$$x=x_k-\frac{f(x_k)}{f(x_k)-f(x_{k-1})}(x_k-x_{k-1}) \quad (3.77)$$

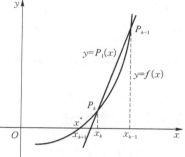

图 3.6　弦截法的几何解释

由此获得弦截法迭代公式

$$x_{k+1}=x_k-\frac{f(x_k)}{f(x_k)-f(x_{k-1})}(x_k-x_{k-1}) \tag{3.78}$$

比较如下:

牛顿法 $\qquad x_{k+1}=x_k-\dfrac{f(x_k)}{f'(x_k)}=x_k-\dfrac{1}{f'(x_k)}f(x_k)$

弦截法 $\qquad x_{k+1}=x_k-\dfrac{f(x_k)}{f(x_k)-f(x_{k-1})}(x_k-x_{k-1})$

$$\qquad\qquad\quad =x_k-\frac{(x_k-x_{k-1})}{f(x_k)-f(x_{k-1})}f(x_k)$$

可见牛顿法中的导数 $f'(x_k)$ 由弦截法中的差商 $\dfrac{f(x_k)-f(x_{k-1})}{(x_k-x_{k-1})}$ 取代,由此弦截法同样具有几何意义,如图 3.6,弦截法相比牛顿法,实际上以弦 $\overline{P_{k-1}P_k}$ 代替 P_k 点处切线,获得近似曲线,求其与 x 轴交点,不断迭代,以逼近 x^*。

弦截法和切线法(牛顿法)都是线性化方法,但在计算应用时有区别。牛顿法在计算 x_{k+1} 时只须用到前面一步的 x_k,而弦截法须用到 x_k 和 x_{k-1}。

例 3.16　比较:使用牛顿法和弦截法解方程:$f(x)=x\mathrm{e}^x-1=0$。

注:牛顿法初值:$x_0=0.5$;弦截法初值:$x_0=0.5$, $x_1=0.6$。

计算结果见表 3.12 与表 3.13。

弦截法收敛速度不如牛顿法,但收敛速度也是较快的。牛顿法 2 阶收敛,弦截法收敛阶可达 1.161 8。

119

表 3.12	牛顿法
k	x_k
0	0.5
1	0.571 02
2	0.567 16
3	0.567 14

表 3.13	弦截法
k	x_k
0	0.5
1	0.6
2	0.565 32
3	0.567 09
4	0.567 14

3.7.2 抛物线法

设已知方程 $f(x)=0$ 的三个近似根：x_{k-2}，x_{k-1}，x_k，同样基于插值，可以根据三点 $P_{k-2}(x_{k-2}, f(x_{k-2}))$，$P_{k-1}(x_{k-1}, f(x_{k-1}))$ 和 $P_k(x_k, f(x_k))$ 构造二次插值多项式 $P_2(x)$。令 $P_2(x)=0$，求得 x，令 $x=x_{k+1}$ 获得迭代公式。

注：因 $P_2(x)$ 是 $f(x)$ 的近似，故须作 k 循环迭代。

利用牛顿插值公式：$N_n(x)=f(x_0)+f(x_0, x_1)(x-x_0)+f(x_0, x_1, x_2)(x-x_0)(x-x_1)+\cdots+f(x_0, x_1, \cdots, x_n)(x-x_0)(x-x_1)\cdots\cdot(x-x_{n-1})$，取图 3.7 中三点 P_{k-2}，P_{k-1} 和 P_k，对应牛顿插值令 $x_k=x_0$，$x_{k-1}=x_1$，$x_{k-2}=x_2$，得

$$P_2(x)=f(x_k)+f(x_k, x_{k-1})(x-x_k)+f(x_k, x_{k-1}, x_{k-2})(x-x_k)(x-x_{k-1})$$

$$(3.79)$$

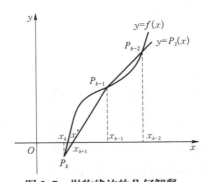

图 3.7 抛物线法的几何解释

令 $P_2(x)=0$，即解方程

$$f(x_k)+f(x_k, x_{k-1})(x-x_k)+f(x_k, x_{k-1}, x_{k-2})(x-x_k)(x-x_{k-1})=0$$

得
$$x=x_k-\frac{2f(x_k)}{\omega\pm\sqrt{\omega^2-4f(x_k)f(x_k, x_{k-1}, x_{k-2})}}$$

$$(3.80)$$

得抛物线法迭代公式

$$x_{k+1} = x_k - \frac{2f(x_k)}{\omega \pm \sqrt{\omega^2 - 4f(x_k)f(x_k, x_{k-1}, x_{k-2})}} \tag{3.81}$$

其中 $\omega = f(x_k, x_{k-1}) + f(x_k, x_{k-1}, x_{k-2})(x_k - x_{k-1})$。

　　按式(3.81),将求得两个 x_{k+1}。通常认为 x_{k-2}, x_{k-1}, x_k 数列中 x_k 更接近于真实根,x_{k+1} 与 x_k 相比较,如果 x_{k+1} 与 x_k 更为接近,迭代过程更易于保证精度和收敛。由此,先看 ω 的正负,再取根号项前面的正负,保证同号,保证分母绝对值较大,x_k 改变量小,x_{k+1} 与 x_k 更为接近。

　　例 3.17　使用抛物线法解方程:$f(x) = x\mathrm{e}^x - 1 = 0$,初值:$x_0 = 0.5$, $x_1 = 0.6$, $x_2 = 0.565\,32$。

　　解答:(1)迭代公式:

$$x_{k+1} = x_k - \frac{2f(x_k)}{\omega \pm \sqrt{\omega^2 - 4f(x_k)f(x_k, x_{k-1}, x_{k-2})}},$$

$$\omega = f(x_k, x_{k-1}) + f(x_k, x_{k-1}, x_{k-2})(x_k - x_{k-1})$$

(2) $f(x_0) = -0.175\,639$, $f(x_1) = -0.093\,271$, $f(x_2) = -0.005\,031$

$$f(x_1, x_0) = 2.689\,10, \quad f(x_2, x_1) = 2.833\,73$$

$$f(x_2, x_1, x_0) = 2.214\,18$$

(3) $\omega = f(x_2, x_1) + f(x_2, x_1, x_0)(x_2 - x_1) = 2.756\,94$,为正。

(4) $x_3 = x_2 - \dfrac{2f(x_2)}{\omega + \sqrt{\omega^2 - 4f(x_2)f(x_2, x_1, x_0)}} = 0.567\,14$。

抛物线法相比弦截法要稍快些,收敛阶数 $p = 1.840$。

3.8　非线性方程组的数值解法

3.8.1　非线性方程组

　　非线性方程组是非线性科学的重要组成部分,如方程组:

$$\left.\begin{array}{l} f_1(x_1, x_2, \cdots, x_n) = 0 \\ f_2(x_1, x_2, \cdots, x_n) = 0 \\ \vdots \\ f_n(x_1, x_2, \cdots, x_n) = 0 \end{array}\right\} \tag{3.82}$$

其中,f_1, f_2, $\cdots$, f_n 均为 x_1, x_2, $\cdots$, x_n 的多元函数。若记 $\boldsymbol{x} = (x_1, x_2, \cdots,$

$x_n)^T \in R^n$，$\boldsymbol{F} = (f_1, f_2, \cdots, f_n)^T$，则方程(3.82)可写成

$$\boldsymbol{F}(\boldsymbol{x}) = \boldsymbol{0} \tag{3.83}$$

非线性方程组求解问题无论在理论上还是实际上都比线性方程组和单个非线性方程求解要复杂和困难，有可能无解，也可能单个解或多个解。在有单个解前提下，可沿用单个非线性方程的牛顿迭代法和不动点迭代法。

3.8.2 非线性方程组的牛顿迭代法

将单个非线性方程的牛顿法直接用于方程 $\boldsymbol{F}(\boldsymbol{x}) = \boldsymbol{0}$（其中 $\boldsymbol{F}$ 为函数向量，$\boldsymbol{x}$ 为求解向量），可得到表达式

$$\boldsymbol{x}_{k+1} = \boldsymbol{x}_k - \boldsymbol{F}'(\boldsymbol{x}_k)^{-1}\boldsymbol{F}(\boldsymbol{x}_k) = \boldsymbol{0} \quad (k = 0, 1, \cdots) \tag{3.84}$$

$\boldsymbol{x}_{k+1}$，$\boldsymbol{x}_k$ 和 $\boldsymbol{F}'(\boldsymbol{x}_k)$ 均为同维向量，则 $\boldsymbol{F}'(\boldsymbol{x}_k)$ 必须为同维矩阵，方程成立。即向量函数 $\boldsymbol{F}(\boldsymbol{x}_k)$ 的导数 $\boldsymbol{F}'(\boldsymbol{x})$ 为一矩阵，称为雅可比矩阵，表示为

$$\boldsymbol{F}'(\boldsymbol{x}) = \begin{cases} \dfrac{\partial f_1(x)}{\partial x_1} & \dfrac{\partial f_1(x)}{\partial x_2} & \cdots & \dfrac{\partial f_1(x)}{\partial x_n} \\ \dfrac{\partial f_2(x)}{\partial x_1} & \dfrac{\partial f_2(x)}{\partial x_2} & \cdots & \dfrac{\partial f_2(x)}{\partial x_n} \\ \vdots & \vdots & & \vdots \\ \dfrac{\partial f_n(x)}{\partial x_1} & \dfrac{\partial f_n(x)}{\partial x_2} & \cdots & \dfrac{\partial f_n(x)}{\partial x_n} \end{cases} \tag{3.85}$$

对于迭代公式(3.84)：$\boldsymbol{x}_{k+1} = \boldsymbol{x}_k - \boldsymbol{F}'(\boldsymbol{x}_k)^{-1}\boldsymbol{F}(\boldsymbol{x}_k) = \boldsymbol{0}$，求 $\boldsymbol{F}'(\boldsymbol{x}_k)^{-1}$ 并不十分方便，可令 $-\boldsymbol{F}'(\boldsymbol{x}_k)^{-1}\boldsymbol{F}(\boldsymbol{x}_k) = \Delta \boldsymbol{x}_k$，即 $\boldsymbol{F}'(\boldsymbol{x}_k)\Delta \boldsymbol{x}_k = -\boldsymbol{F}(\boldsymbol{x}_k)$。求得 $\Delta \boldsymbol{x}_k$，则利用迭代公式 $\boldsymbol{x}_{k+1} = \boldsymbol{x}_k + \Delta \boldsymbol{x}_k$ 进行迭代。

例 3.18 使用牛顿法解非线性方程组

$$\begin{cases} x_1^2 - 10x_1 + x_2^2 + 8 = 0 \\ x_1 x_2^2 + x_1 - 10x_2 + 8 = 0 \end{cases}$$

解答：(1) $\boldsymbol{F}(\boldsymbol{x}) = \begin{cases} x_1^2 - 10x_1 + x_2^2 + 8, \\ x_1 x_2^2 + x_1 - 10x_2 + 8。\end{cases}$

(2) $\boldsymbol{F}'(\boldsymbol{x}) = \begin{bmatrix} 2x_1 - 10 & 2x_2 \\ x_2^2 + 1 & 2x_1 x_2 - 10 \end{bmatrix}$。

(3) 设 $\boldsymbol{x}_0 = [0; 0]$，求 $\Delta \boldsymbol{x}_0$，即 $\boldsymbol{F}'(\boldsymbol{x}_0)\Delta \boldsymbol{x}_0 = \boldsymbol{F}(\boldsymbol{x}_0)$，有

$$\begin{bmatrix} -10 & 0 \\ 1 & -10 \end{bmatrix} \begin{bmatrix} \Delta x_{1-0} \\ \Delta x_{2-0} \end{bmatrix} = \begin{bmatrix} -8 \\ -8 \end{bmatrix}$$

(4) 解得 $\Delta \boldsymbol{x}_0 = [0.8; 0.88]^T$。

(5) 然后有 $x_1 = x_0 + \Delta x_0$。

(6) 以此类推,迭代结果见表 3.14。

表 3.14　例 3.21 迭代计算结果

	x_0	x_1	x_2	x_3	x_4
x_{1-k}	0	0.80	0.991 787 2	0.999 975 2	1.000 000 0
x_{2-k}	0	0.88	0.991 711 7	0.999 968 5	1.000 000 0

3.8.3　非线性方程组的不动点迭代法

参照单个非线性方程方式,非线性方程组 $F(x) = 0$ 同样可以转换为 $x = \Phi(x)$ 形式。 相似的收敛条件表达方式如下。

(1) 封闭区间全局收敛:

① 任意 $x \in D_0$,有 $\Phi(x) \in D_0$;② $\| \Phi(x) - \Phi(y) \| \leqslant L \| x - y \|$,$0 < L < 1$。

注意:$\| A \| p = \sqrt[p]{|A_1|^p + |A_n|^p + \cdots |A_n|^p}$ 称为向量 A 的范数,p 默认为 2。

(2) 局部收敛:

① 对任意 $x \in D_0$,有 $\Phi(x) \in D_0$;② $\rho(\Phi'(x^*)) < 1$。

其中,$\Phi'(x)$ 指函数 $\Phi(x)$ 的雅可比矩阵,$\rho(\Phi'(x^*))$ 为此矩阵谱半径(谱半径是指矩阵特征值模的最大值)。

例 3.19　用不动点迭代法解非线性方程组 $\begin{cases} x_1^2 - 10x_1 + x_2^2 + 8 = 0 \\ x_1 x_2^2 + x_1 - 10x_2 + 8 = 0 \end{cases}$,设 $D_0 = \{(x_1, x_2) \mid 0 \leqslant x_1, x_2 \leqslant 1.5\}$。

解答: 将方程组 $F(x) = 0$ 化为不动点迭代形式 $x = \Phi(x)$,有

$$x = \begin{pmatrix} x_1 \\ x_2 \end{pmatrix}, \quad \Phi(x) = \begin{pmatrix} \varphi_1(x) \\ \varphi_2(x) \end{pmatrix} = \begin{bmatrix} \dfrac{1}{10}(x_1^2 + x_2^2 + 8) \\ \dfrac{1}{10}(x_1 x_2^2 + x_1 + 8) \end{bmatrix}$$

验证收敛条件 1,有

$$\begin{cases} 0.8 = \dfrac{1}{10}(0^2 + 0^2 + 8) \leqslant \varphi_1(x) \leqslant \dfrac{1}{10}(1.5^2 + 1.5^2 + 8) = 1.25 \\ 0.8 = \dfrac{1}{10}(0 * 0^2 + 0 + 8) \leqslant \varphi_2(x) \leqslant \dfrac{1}{10}(1.5 * 1.5^2 + 1.5 + 8) = 1.25 \end{cases}$$

即对任意 $x \in D_0$,有 $\Phi(x) \in D_0$。

验证收敛条件 2:

设有 $x = [x_1; x_2]$,$y = [y_1; y_2] \in D_0$,有 $0 \leqslant x_1, x_2 \leqslant 1.5$;$0 \leqslant y_1, y_2 \leqslant 1.5$

$$\boldsymbol{\Phi}(\boldsymbol{y})-\boldsymbol{\Phi}(\boldsymbol{x})=[\varphi_1(\boldsymbol{y})-\varphi_1(\boldsymbol{x});\varphi_2(\boldsymbol{y})-\varphi_2(\boldsymbol{x})]$$

$$
\begin{aligned}
|\varphi_1(\boldsymbol{y})-\varphi_1(\boldsymbol{x})| &=\frac{1}{10}|y_1^2+y_2^2-x_1^2-x_2^2| \\
&=\frac{1}{10}|(y_1+x_1)(y_1-x_1)+(y_2+x_2)(y_2-x_2)| \\
&\leqslant\frac{1}{10}|(1.5+1.5)(y_1-x_1)+(1.5+1.5)(y_2-x_2)| \\
&\leqslant\frac{3}{10}(|y_1-x_1|+|y_2-x_2|)
\end{aligned}
$$

$$
\begin{aligned}
|\varphi_2(\boldsymbol{y})-\varphi_2(\boldsymbol{x})| &=\frac{1}{10}|y_1y_2^2+y_1-x_1x_2^2-x_1| \\
&=\frac{1}{10}|y_1y_2^2-y_1y_2x_2+x_1x_2y_2-x_1x_2^2+ \\
&\quad y_1y_2x_2-x_1x_2y_2+y_1-x_1| \\
&=\frac{1}{10}|y_1y_2(y_2-x_2)+x_1x_2(y_2-x_2)+ \\
&\quad y_2x_2(y_1-x_1)+(y_1-x_1)| \\
&=\frac{1}{10}|(y_1y_2+x_1x_2)(y_2-x_2)+(y_2x_2+1)(y_1-x_1)| \\
&\leqslant\frac{1}{10}|4.5(y_2-x_2)|+|3.25(y_1-x_1)| \\
&\leqslant\frac{4.5}{10}(|y_2-x_2|+|y_1-x_1|)
\end{aligned}
$$

$$|\varphi_1(\boldsymbol{y})-\varphi_1(\boldsymbol{x})|\leqslant\frac{3}{10}(|y_1-x_1|+|y_2-x_2|)$$

$$|\varphi_2(\boldsymbol{y})-\varphi_2(\boldsymbol{x})|\leqslant\frac{4.5}{10}(|y_2-x_2|+|y_1-x_1|)$$

$$\rightarrow\ \|\boldsymbol{\Phi}(\boldsymbol{y})-\boldsymbol{\Phi}(\boldsymbol{x})\|\leqslant0.75\|y-x\|\quad(0<L=0.75<1)$$

由此,利用此形式 $x=\boldsymbol{\Phi}(\boldsymbol{x})$ 不动点迭代,满足收敛条件。则有

$\boldsymbol{x}_0=[0;0]^T$

$\boldsymbol{x}_1=[0.8;0.8]^T$

$\boldsymbol{x}_2=[0.928;0.9312]^T$

......

$\boldsymbol{x}_6=[0.999328;0.999329]^T$

$\boldsymbol{x}^*=[1,1]^T$

3.9　上机训练

3.9.1　线性方程组求解举例及 MATLAB 命令

例 3.20　在 MATLAB 上，使用带列主元的高斯消去法求解方程组：

$$\begin{bmatrix} 1 & 2 & 1 & 4 \\ 2 & 0 & 4 & 3 \\ 4 & 2 & 2 & 1 \\ -3 & 1 & 3 & 2 \end{bmatrix} \begin{bmatrix} x_1 \\ x_2 \\ x_3 \\ x_4 \end{bmatrix} = \begin{bmatrix} 13 \\ 28 \\ 20 \\ 6 \end{bmatrix}$$

解答：（1）首先写出方程组对应的增广矩阵：

a = [1 2 1 4 13;2 0 4 3 28;4 2 2 1 20;−3 1 3 2 6]

其中前四列是系数矩阵,最后一列是方程组的常数列。

（2）第一次选主元：

tempo = a(3,:),a(3,:) = a(2,:),a(2,:) = a(1,:),a(1,:) = tempo

然后

a =

$$\begin{bmatrix} 4 & 2 & 2 & 1 & 20 \\ 1 & 2 & 1 & 4 & 13 \\ 2 & 0 & 4 & 3 & 28 \\ -3 & 1 & 3 & 2 & 6 \end{bmatrix}$$

（3）下面的算式将第一个对角元下面的数字消去：

a(2,:) = a(2,:) − a(1,:) * a(2,1)/a(1,1);

a(3,:) = a(3,:) − a(1,:) * a(3,1)/a(1,1);

a(4,:) = a(4,:) − a(1,:) * a(4,1)/a(1,1);

得到

a =

4.0000	2.0000	2.0000	1.00002	0.0000
0	1.5000	0.5000	3.7500	8.0000
0	−1.0000	3.0000	2.50001	8.0000
0	2.5000	4.5000	2.75002	1.0000

（4）第二个对角元绝对值小于它下面的数字绝对值,需要第二次选主元：

tempo = a(4,:);a(4,:) = a(3,:);a(3,:) = a(2,:);a(2,:) = tempo;

得到

a =

125

```
4.0000    2.0000    2.0000    1.0000    20.0000
     0    2.5000    4.5000    2.7500    21.0000
     0    1.5000    0.5000    3.7500     8.0000
     0   -1.0000    3.0000    2.5000    18.0000
```

(5) 下面的算式将第二个对角元下面的数字消去：

$$a(3,:) = a(3,:) - a(2,:) * a(3,2)/a(2,2);$$

$$a(4,:) = a(4,:) - a(2,:) * a(4,2)/a(2,2);$$

得到

```
a =

4.0000    2.0000    2.0000    1.0000    20.0000
     0    2.5000    4.5000    2.7500    21.0000
     0         0   -2.2000    2.1000    -4.6000
     0         0    4.8000    3.6000    26.4000
```

(6) 第三次选主元：

$$tempo = a(4,:), a(4,:) = a(3,:), a(3,:) = tempo$$

得到

```
a =

4.0000    2.0000    2.0000    1.0000    20.0000
     0    2.5000    4.5000    2.7500    21.0000
     0         0    4.8000    3.6000    26.4000
     0         0   -2.2000    2.1000    -4.6000
```

(7) 下面的算式将第三个对角元下面的数字消去：

$$a(4,:) = a(4,:) - a(3,:) * a(4,3)/a(3,3)$$

得到

```
a =

4.0000    2.0000    2.0000    1.0000    20.0000
     0    2.5000    4.5000    2.7500    21.0000
     0         0    4.8000    3.6000    26.4000
     0         0         0    3.7500     7.5000
```

(8) 向前消去法完成。回代过程如下：

$$x(4) = a(4,5)/a(4,4)$$

$$x(3) = (a(3,5) - a(3,4) * x(4))/a(3,3)$$

$$x(2) = (a(2,5) - a(2,4) * x(4) - a(2,3) * x(3))/a(2,2)$$

$$x(1) = (a(1,5) - a(1,4) * x(4) - a(1,3) * x(3) - a(1,2) * x(2))/a(1,1)$$

得到

```
x =

3  -1  4  2
```

例 3.21　在 MATLAB 上，使用自带命令求解方程组：

$$\begin{bmatrix} 1 & 2 & 1 & 4 \\ 2 & 0 & 4 & 3 \\ 4 & 2 & 2 & 1 \\ -3 & 1 & 3 & 2 \end{bmatrix} \begin{bmatrix} x_1 \\ x_2 \\ x_3 \\ x_4 \end{bmatrix} = \begin{bmatrix} 13 \\ 28 \\ 20 \\ 6 \end{bmatrix}$$

解答：

   A = [1 2 1 4;2 0 4 3;4 2 2 1;−3 1 3 2];

   B = [13 28 20 6]';

使用命令：X = A\B   % A\表示 A 的逆矩阵,或用 A−1 表示(X = A^−1 ∗ B)

得到：X = 3.0000 − 1.0000 4.0000 2.0000

也可以用如下命令：X = B'/A'   % A' 表示 A 的转置矩阵

得到：X = 3.0000 − 1.0000 4.0000 2.0000

3.9.2 列主元−高斯消去法源程序释义

function X = uptrbk(A,B)	定义列主元 − 高斯法函数 uptrbk
[N N] = size(A); X = zeros(N,1); C = zeros(1,N+1);Aug = [A B];	矩阵 A 大小赋值 N,定义 X 为 N 行 1 列零向量;定义 C 为 1 行 N + 1 列零向量,定义增广矩阵 Aug
for p = 1:N − 1	定义 p 循环:从第 1 行到倒数第 2 行
[Y,j] = max(abs(Aug(p:N,p)));	p 列:从 p 行到最后一行,最大值 Y,最大值相对 p 行位置赋值于 j
C = Aug(p,:); Aug(p,:) = Aug(j + p − 1,:); Aug(j + p − 1,:) = C;	p 行与 p 列最大值行(p 开始数第 j 行)互换
if Aug(p,p) = = 0	如果换行后,app 依然为零
'A was sinfular. No unique solution'	异常,无解
break	程序停止
end	与 if Aug(p,p) = = 0 对应,判断结束
for k = p + 1:N	p 行中 p 列最大值确定,p 行下消元
m = Aug(k,p)/Aug(p,p);	获取 p 行下 k 行 akp 与 app 的比值
Aug(k,p:N + 1) = Aug(k,p:N + 1) − m ∗ Aug(p,p: N + 1);	p 行下任意 k 行消元,akp = 0,k = p + 1, ⋯, N
end	与 for k = p + 1:N 对应,某 p 行下方消元结束
end	与 for p = 1:N − 1 对应,选主元和消元两大过程结束
X = backsub(Aug(1:N,1:N),Aug(1:N,N + 1))	利用 backsub 函数,赋予 A 和 B 新的值
function X = backsub(A,B)	

n = length(B);X = zeros(n,1);　X(n) = B(n)/A(n, n);	X 为 n 行 1 列,最后一行单一元素 X(n)赋值为 B (n)/A(n,n);
for k = n - 1: - 1:1	从下注上回代
X(k) = (B(k) - A(k,k + 1:n) * X(k + 1:n))/A(k,k);	算取 x(k),k = n - 1: - 1:1
end	对应 for k = n - 1: - 1:1,算取 x(k)结束

执行 uptrbk. m 文件:

> A = [1 2 1 4;2 0 4 3;4 2 2 1; - 3 1 3 2]
>
> B = [13 28 20 6]'
>
> X = uptrbk[A,B]
>
> X' = 3 - 1 4 2

3.9.3　雅可比迭代法源程序释义

function X = jacobi(A,B,P,delta,max1)	定义雅可比迭代函数 jacobi:A 为系数矩阵,B 为常数向量,P 为 X 向量初始值,delta 为设定误差,max1 为设定计算步数
fprintf('k　X(1)　X(2)　X(3)　err\ n')	屏幕上显示"k X(1) X(2) X(3) err"(事先知道函数为 3 元)
N = length(B);	N 为常数向量 B 的长度
for k = 1:max1	迭代循环,从 1 到 max1
for j = 1:N	每一次迭代循环中的 X 向量内部元素循环计算
x(j) = (B(j) - A(j,[1:j - 1,j + 1: N]) * P([1:j - 1,j + 1:N]))/A(j,j);	计算 X 向量各元素,1:j - 1,j + 1:N,排除 j
end	与 for j = 1:N 对应,X 向量内部元素循环计算结束
err = abs(norm(x' - P));	计算每一次迭代计算 X 向量元素后的误差,norm(向量,范数,默认为 2) 即 $\sqrt[2]{(x(1) - P(1))^2 + (x(2) - P(2))^2 + (x(3) - P(3))^2}$
fprintf('% 3. 0f,% 10. 6f,% 10. 6f,% 10.6f,%10.6f\n',k,x,err);	屏幕上显示 k, X(1), X(2), X(3), err,% ,f 为数据格式,\n 光标下移
relerr = err/(norm(x));	计算相对误差
P = x';	迭代一次后的 x 赋值于 P
if (err<delta)|(relerr<delta)	判定,若误差或相对误差小于设定值
break	计算停止
end	程序结束
end	与 for k = 1:max1 对应,迭代循环结束
x = x'	赋值 x 为最后一次迭代的 x'

执行 jacobi. m 文件:

```
A = [4 - 1 1;4 - 8 1; - 2 1 5]; B = [7 - 21 15]';
P = [0 0 0]';
delta = 0.0001;
Maxl = 12;
X = jacobi(A,B,P,delta,maxl);
```

计算结果：

k	X(1)	X(2)	X(3)	err
1,	1.750000,	2.625000,	3.000000,	4.353519
2,	1.656250,	3.875000,	3.175000,	1.265667
3,	1.925000,	3.850000,	2.887500,	0.394345
4,	1.990625,	3.948437,	3.000000,	0.163257
5,	1.987109,	3.995312,	3.006563,	0.047463
6,	1.997187,	3.994375,	2.995781,	0.014788
7,	1.999648,	3.998066,	3.000000,	0.006122
8,	1.999517,	3.999824,	3.000246,	0.001780
9,	1.999895,	3.999789,	2.999842,	0.000555
10,	1.999987,	3.999927,	3.000000,	0.000230

3.9.4 两分法源程序释义

例 3.22 用两分法求方程 $\sqrt{x^2+9} - \tan(x) = 0$，$x \in (0, \pi/2)$ 的近似根,保留小数点后四位有效数字。

步骤(1)：先通过 MATLAB 画出函数 $\sqrt{(x^2+9)} - \tan(x) = 0$，$x \in (0, \pi/2)$ 的图形。画图程序为

```
x = 0:0.05:pi/2;
y = sqrt(x.^2 + 9) - tan(x);
plot(x, y)
grid on
```

所得图形如图 3.8 所示。

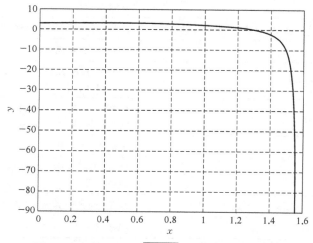

图 3.8 函数 $y = \sqrt{x^2+9} - \tan(x)$ 的曲线图

129

可知方程的根位于 1.2~1.4 之间。再用两分法求出近似根。

步骤(2)：写出两分法的源程序代码. m 文件。

function bisec_n(f_name,a,c)	定义二分法函数
fprintf('计算数据列表\n\n');	显示"计算数据列表",并空两行
tolerance = 0.00001; it_limit = 20;	设置计算数据允许值和计算步骤最大值
fprintf(' a b c fa = f(a) fc = f(c) abs(a−c)\n');	显示"计算数值代号"
it = 0;	设置计算步骤初值为"0"
y_a = feval(f_name,a);	计算端点 a 处函数值
y_c = feval(f_name,c);	计算端点 c 处函数值
if(y_a ∗ y_c>0);	判断：端点处函数值符号如果相同
fprintf('\n\n Stopped because f(a)f(c)>0\n');	计算停止
else	如果不是相同,即相反,计算开始
while 1	1 永远为真,循环无限,必须对应 break
it = it + 1;	it 值从 0 加 1
b = (a + c)/2; y_b = feval(f_name,b);	取中值 b = (a + c)/2,并计算 f(b)
fprintf('%3.0f, %10.6f, %10.6f',it,a,b);	以不同数据格式显示："it a b",不换行
fprintf('%10.6f, %10.6f, %10.6f',c,y_a,y_c);	以不同数据格式显示："c f(a) f(c)",不换行
fprintf('%12.3e\n',abs(y_c−y_a));	以某数据格式显示："abs(f(c) − f(a))"不换行
if(abs(c−a)/2< = tolerance);	判断：如果端点距离的二分之一小于允许值
fprintf('Tolerance is satisfied. \n'); break	显示："Tolerance is satisfied", break 与 while1 对应
end	与 if 对应
if(it>it_limit);	如果不满足端点距离的二分之一小于允许值,即 abs(c−a)/2< = tolerance,则不断循环计算;此时给出同步限制条件,如果计算步骤超过最大值
fprintf('Iteration limit exceeded. \n');break	显示："计算步骤超出限制"
end	与最近 if 对应
if(y_a ∗ y_b<0) c = b;y_c = y_b;	如果 b 的函数值 f(b) 与某一端点函数值 f(a)相反,则 c 新值为 b,f(c)新值为 f(b)
else a = b;y_a = y_b;	如果 b 的函数值 f(b) 与某一端点函数值 f(a)相同,则 a 新值为 b,f(a)新值为 f(b)
end	与最近 if 对应
end	与 while 1 对应,只要端点函数值不同号,就循环计算
fprintf('Final result: Root = %12.6f\n',b);	显示"最终计算结果"为某数据格式的 b
end	程序结束

步骤(3)：写出函数 $f = \mathrm{sqrt}(9 + x.\hat{\ }2) - \tan(x)$ 的 $.m$ 文件。

function f = eqn_w1(x)	定义函数 eqn_w1
f = sqrt(9 + x.^2) - tan(x);	给出函数的 MATLAB 表达

步骤(4)：写出执行函数命令。

bisec_n('eqn_w1',1.2,1.4);	执行二分法函数

得：

```
It.      a           b           c          fa = f(a)    fc = f(c)    abs(a-c)
 1.   1.200000,   1.3000000   1.400000,    0.658947,   - 2.487295   2.000e-001
 2.   1.200000,   1.250000    1.300000,    0.658947,   - 0.332546   1.000e-001
 3.   1.250000,   1.275000    1.300000,    0.240430,   - 0.332546   5.000e-002
 4.   1.250000,   1.262500    1.275000,    0.240430,   - 0.021829   2.500e-002
 5.   1.262500,   1.268750    1.275000,    0.114618,   - 0.021829   1.250e-002
 6.   1.268750,   1.271875    1.275000,    0.047807,   - 0.021829   6.250e-003
 7.   1.271875,   1.273438    1.275000,    0.013353,   - 0.021829   3.125e-003
 8.   1.271875,   1.272656    1.273438,    0.013353,   - 0.004145   1.563e-003
 9.   1.272656,   1.273047    1.273438,    0.004627,   - 0.004145   7.813e-004
10.   1.273047,   1.273242    1.273438,    0.000247,   - 0.004145   3.906e-004
11.   1.273047,   1.273145    1.273242,    0.000247,   - 0.001948   1.953e-004
12.   1.273047,   1.273096    1.273145,    0.000247,   - 0.000850   9.766e-005
13.   1.273047,   1.273071    1.273096,    0.000247,   - 0.000302   4.883e-005
14.   1.273047,   1.273059    1.273071,    0.000247,   - 0.000028   2.441e-005
15.   1.273059,   1.273065    1.273071,    0.000110,   - 0.000028   1.221e-005
```

3.9.5　牛顿迭代法源程序释义

例 3.23　用牛顿迭代法求方程 $x^3 - 3x + 2 = 0$ 的近似值,初值 $x_0 = -2.4$,误差为 $0.000\,001$。

步骤(1)：画出函数 $f = x^3 - 3x + 2$ 的图形(如图 3.9 所示)。

在 MATLAB 中输入命令：

```
x = -3:0.01:-1;
y = x.^3 - 3 * x + 2;
plot(x, y)
grid on
```

易知方程的根位于区间 $(-2.5, -1)$ 之间。

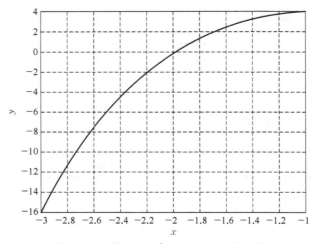

图 3.9　函数 $f = x^3 - 3x + 2$ 的曲线图

步骤(2)：写出牛顿迭代法的源程序代码.m 文件。

function [x0,err,k,y] = newton1(f,df,x0, delta,epsilon,max1)	定义牛顿迭代法函数(输出最终的 x 值,误差 err,计算步数 k 和函数值 y)
for k = 1:max1	max1 最好取一个较大的正整(迭代最大步数)
x = x0 − feval('w1_',x0)/feval('w2_',x0);	迭代形式的定义,由 x0 计算 x,其中:w1_ 为 f(x),w2_ 为 f'(x)
err = abs(x − x0);	计算每次迭代后的相邻两步误差
relerr = 2 * err/(abs(x0) + delta);	计算相对误差
x0 = x ;	赋值 x0 为新迭代后的值
y = feval('w1_',x0);	计算新 x0 下的函数值 y
if (err < delta) | (relerr < delta) | (abs(y)<epsilon),break, end	判断:误差,或相对误差,或 y 的绝对值是否小于设定值,判断计算是否结束
End	与 for 对应
[x0,err,k,y]	显示最终计算结果

步骤(3)：写出函数 $f = x_0\hat{\ }3 - 3 * x_0 + 2$ 的.m 文件,即 $w1\_(x)(f(x))$

function f = w1_(x0)	定义函数 w1_(x)
f = x0^3 − 3 * x0 + 2;	

步骤(4)：写出函数 $f = x_0\hat{\ }3 - 3 * x_0 + 2$ 的.m 文件,即 $w1\_(x)(f(x))$

function df = w2_(x0)	定义函数 w2_(x)
df = 3 * x0^2 − 3;	

步骤(5)：写出执行函数命令。

newton1('w1_ ', 'w2_ ', − 2.4, 0.00001, 0.00001, 30)	x0 = − 2.4, delta = 0.00001, epsilon = 0.00001, maxl1 = 30

得出结果：

```
    ans =
− 2.0000   0.0004   6.0000    − 0.0000
```

3.10　案例引导

此处两则案例,同样以尼古拉兹实验对管中沿程阻力(系数)的研究为基础,讨论如何利用不动点迭代法和牛顿迭代法求解光滑管湍流区的沿程阻力系数。

如案例 2.2,1933 年发表的尼古拉兹实验对管中沿程阻力(系数)做了全面研究:光滑管湍流区在雷诺数 $Re \in (4\ 000, 100\ 000)$ 时,沿程阻力系数求取可采用布拉休斯经验公式:$\lambda = \dfrac{0.316\ 4}{Re^{0.25}}$,同样区间的尼古拉兹半经验公式为 $\dfrac{1}{\sqrt{\lambda}} = 2\lg(Re * \sqrt{\lambda}) - 0.8$。

3.10.1　案例 3.1

利用布拉休斯经验公式获得初值,利用尼古拉兹半经验公式进行不动点迭代求解非线性方程,获得 $Re(k) = k * 10^4$, $k = 1:9$ 时的沿程阻力系数。相邻迭代差值绝对值小于 0.000 001 时,认为达到计算精度要求。

(1) 给出计算初值及各步迭代值的 MATLAB 源程序。

(2) 计算数据及字符排列格式如下表,其中雷诺数 $Re(k)$ 数据显示格式为科学计数法,保留至小数点后一位;沿程阻力系数 $\lambda_i(k)$ 数据显示格式为非科学计数法,保留至小数点后第六位。

```
k    Re(k)   λ₁(k)(初值)   …   λ_final(k)
1
2
⋮
9
```

解答:(1) MATLAB 源程序:

```
clear ;clc;
for k = 1:9
    Re = k * 10^4;
    i = 1;
    x(k,i) = 0.3164/(Re)^0.25;
    while 1
    x(k,i + 1) = 1/(2 * log(Re * sqrt(x(k,i)))/log(10) - 0.8)^2;
```

```
            if abs(x(k,i+1)-x(k,i))<0.000001
                break;
            end
            i=i+1;
        end
    end
    n=size(x,2); i=1;
    fprintf('k\t Re(k)\t\t');
    while 1
        if i>n
            fprintf('\n');
            break;
        end
        fprintf('%c_ %d(k)\t\t',char(955),i);
        i=i+1;
    end
    for k=1: 9
        Re=k*10^4;
        fprintf('%d \t %1.1e\t',k,Re);
        i=1;
        while 1
            if i>n||x(k,i)==0
                fprintf('\n');
                break;
            end
            fprintf('%10.6f\t',x(k,i));
            i=i+1;
        end
    end
end
```

（2）计算数据：

k	$Re(k)$	$\lambda_1(k)$(初值)	$\lambda_2(k)$	$\lambda_3(k)$	$\lambda_4(k)$	$\lambda_5(k)$	$\lambda_6(k)$
1	1.0×10^4	0.031 640	0.030 776	0.030 906	0.030 886	0.030 889	0.030 889
2	2.0×10^4	0.026 606	0.025 789	0.025 902	0.025 886	0.025 888	0.025 888
3	3.0×10^4	0.024 041	0.023 414	0.023 497	0.023 486	0.023 487	0.023 487
4	4.0×10^4	0.022 373	0.021 923	0.021 980	0.021 973	0.021 974	
5	5.0×10^4	0.021 159	0.020 862	0.020 899	0.020 894	0.020 895	
6	6.0×10^4	0.020 216	0.020 051	0.020 072	0.020 069	0.020 069	
7	7.0×10^4	0.019 452	0.019 402	0.019 408	0.019 408		
8	8.0×10^4	0.018 813	0.018 865	0.018 859	0.018 860		
9	9.0×10^4	0.018 267	0.018 410	0.018 393	0.018 395	0.018 395	

3.10.2 案例 3.2

利用非线性方程的牛顿迭代法,计算 $Re(k)=k*10^4$, $k=1:3$ 时的沿程阻力系数。其中,初值的获取通过函数 $f=2\lg(Re*\sqrt{\lambda})-0.8-\dfrac{1}{\sqrt{\lambda}}$ 作图给出说明;牛顿迭代中所使用的节点函数一阶导数值,通过选取合适的步长 h ,利用数值微分获得。相邻迭代差值绝对值小于 0.000 001 时,认为达到计算精度要求。

(1) 给出每种雷诺数条件下,沿程阻力系数初值选取的图示说明、源程序及释义。

(2) 给出 h 的取值,给出求解计算各步迭代值的 MATLAB 源程序。

(3) 计算数据及字符排列格式如下表,其中雷诺数 $Re(k)$ 数据显示格式为科学计数法,保留至小数点后一位;沿程阻力系数 $\lambda_i(k)$ 数据显示格式为非科学计数法,保留至小数点后第六位。

k	$Re(k)$	$\lambda_1(k)$(初值)	$\cdots$	$\lambda_{final}(k)$
1				
2				
3				

解答: (1) 令函数 $f(\lambda)=2\lg(Re*\sqrt{\lambda})-0.8-\dfrac{1}{\sqrt{\lambda}}=0$,这个方程的根即为根据尼古拉兹半经验公式得到的在该雷诺数下的沿程阻力系数。初值选取的思路是在给定雷诺数的前提下,做出函数 $f(\lambda)$ 的图像,选取零点附近的点为初值。

① $k=1$, $Re(k)=1.0\times10^4$ 时,如图 3.10 所示。

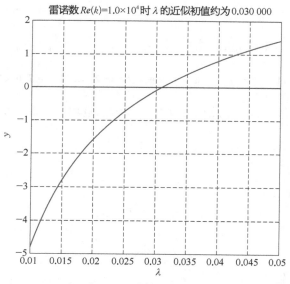

图 3.10 $y=f(\lambda)$ 及 $y=0$ 曲线 ($k=1$, $Re(k)=1.0\times10^4$)

从上图中可以看出其零点接近 0.030 000,故选取 0.030 000 为初值。
程序如下:

```
k = 1;
Re = k * 10^4;
x = 0.01:0.000001:0.05;
y = 2 * log(Re * sqrt(x))/log(10) - 0.8 - 1./sqrt(x);
y0 = x * 0;
figure;
plot(x, y, x, y0, 'r-');
grid;
title('雷诺数 Re(k) = 1.0 * 10^4 时\lambda 的近似初值约为 0.030000');
```

② $k = 2, Re(k) = 2.0 \times 10^4$ 时,如图 3.11 所示。

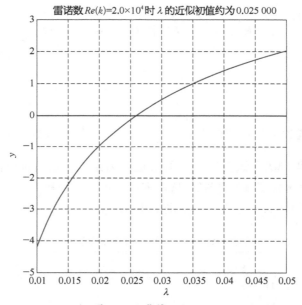

图 3.11 $y = f(\lambda)$ 及 $y = 0$ 曲线($k = 2$, $Re(k) = 2.0 \times 10^4$)

从图 3.11 中可以看出其零点接近 0.025 000,故选取 0.025 000 为初值。
程序如下:

```
k = 2;
Re = k * 10^4;
x = 0.01:0.000001:0.05;
y = 2 * log(Re * sqrt(x))/log(10) - 0.8 - 1./sqrt(x);
y0 = x * 0;
figure;
plot(x, y, x, y0, 'r-');
grid;
```

title(' 雷诺数 Re(k) = 2.0 * 10~4 时\lambda 的近似初值约为 0.025000');

③ $k=3$，$Re(k)=3.0\times10^{4}$ 时，如图 3.12 所示。

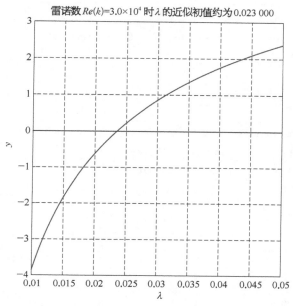

雷诺数 $Re(k)=3.0\times10^4$ 时 λ 的近似初值约为 0.023 000

图 3.12　$y=f(\lambda)$ 及 $y=0$ 曲线 $(k=3$，$Re(k)=3.0\times10^{4})$

从图 3.12 中可以看出其零点接近 0.023 00，故选取 0.023 00 为初值。

程序如下：

```
k = 3;
Re = k * 10~4;
x = 0.01:0.000001:0.05;
y = 2 * log(Re * sqrt(x))/log(10) - 0.8 - 1./sqrt(x);
y0 = x * 0;
figure;
plot(x, y,x, y0,'r - ');
grid;
title(' 雷诺数 Re(k) = 3.0 * 10~4 时\lambda 的近似初值约为 0.023000');
```

（2）因为所求数值本身已经比较小，故 h 值不能选得过大，同时为了避免 h 选得过小带来的舍入误差，这里选取 $h=0.000\ 1$。

程序如下：

```
clear ;clc;
for k = 1:3
Re = k * 10~4;
if k = = 1
    x0 = 0.030;
elseif k = = 2
```

```
            x0 = 0.025;
        else
            x0 = 0.023;
        end
        fun = @(x)(2 * log(Re * sqrt(x))/log(10) - 0.8 - 1./sqrt(x));
        h = 0.0001;
        i = 1;
        x(k,i) = x0;
        while 1
            Dy = (feval(fun,x(k,i) + 0.5 * h) - feval(fun,x(k,i) - 0.5 * h))/h;
            x(k,i + 1) = x(k,i) - feval(fun,x(k,i))/Dy;
            if abs(x(k,i + 1) - x(k,i)) < 0.000001
                break;
            end
            i = i + 1;
        end
    end
    n = size(x,2); i = 1;
    fprintf('k\t Re(k)\t\t');
    while 1
        if i>n
            fprintf('\n');
            break;
        end
        fprintf('%c_ %d(k)\t\t',char(955),i);
        i = i + 1;
    end
    for k = 1: 3
        Re = k * 10^4;
        fprintf('%d \t%1.1e\t',k,Re);
        i = 1;
        while 1
            if i>n||isempty(x(k,i))
                fprintf('\n');
                break;
            end
            fprintf('%10.6f\t',x(k,i));
            i = i + 1;
        end
    end
```

（3）计算数据及字符排列格式如下：

k	$Re(k)$	$\lambda_1(k)$(初值)	$\lambda_2(k)$	$\lambda_3(k)$	$\lambda_4(k)$
1	1.0×10^4	0.030 000	0.030 871	0.030 889	0.030 889
2	2.0×10^4	0.025 000	0.025 866	0.025 888	0.025 888
3	3.0×10^4	0.023 000	0.023 480	0.023 487	0.023 487

思考与练习

1. 用高斯消去法求解下列线性代数方程组。

$$(1)\begin{cases}2x_1-x_2+3x_3=1\\4x_1-2x_2+5x_3=4\\x_1+2x_2=7\end{cases} \qquad (2)\begin{cases}3x_1-x_2+3x_3=-3\\x_1+x_2+x_3=-4\\2x_1+x_2-x_3=-3\end{cases}$$

2. 用迭代法求解下列线性代数方程组(精度要求 $\xi=10^{-6}$)。

$$\begin{cases}9x_1+15x_2+3x_3-2x_4=7\\7x_1+2x_2+x_3-2x_4=4\\x_1+3x_2+2x_3+13x_4=0\\-2x_1-2x_2+11x_3+5x_4=-1\end{cases}$$

3. 用二分法求解方程 $x^2-x-1=0$ 的正根,要求误差小于 0.05。

4. 求方程 $x^3-x^2-1=0$ 在 $x_0=1.5$ 附近的一个根,设将方程改写成下列等价形式,并建立相应的迭代公式:

(1) $x=1+1/x^2$,迭代公式 $x_{k+1}=1+1/x_k^2$。

(2) $x^3=1+x^2$,迭代公式 $x_{k+1}=\sqrt[3]{1+x_k^2}$。

(3) $x^2=\dfrac{1}{x-1}$,迭代公式 $x_{k+1}=\dfrac{1}{\sqrt{x_k-1}}$。

试分析每种迭代公式的收敛性,并选取一种公式求具有四位有效数字的近似根。

5. 给定函数 $f(x)$,设对于一切 x,$f'(x)$ 存在且 $0<m\leqslant f'(x)\leqslant M$,证明对于范围 $0<\lambda<2/M$ 内的任意定数 λ,迭代过程 $x_{k+1}=x_k-\lambda f(x_k)$ 均收敛于 $f(x)=0$ 的根 x^*。

6. 设 $\varphi(x)=x-p(x)f(x)-q(x)f^2(x)$,试确定函数 $p(x)$ 和 $q(x)$,使求解 $f(x)=0$,且 $\varphi(x)$ 为迭代函数的迭代法至少三阶收敛。

7. 用下列方法求 $f(x)=x^3-3x^2-1=0$ 在 $x_0=2$ 附近的根,根的准确值 $x^*=1.879\ 385\ 24\cdots$,要求计算结果准确到四位有效数字。

(1) 用牛顿法。

(2) 用弦截法:取 $x_0=2$,$x_1=1.9$。

(3) 用抛物线法:取 $x_0=1$,$x_1=3$,$x_2=2$。

8. 对于 $f(x)=0$ 的牛顿公式 $x_{k+1}=x_k-f(x_k)/f'(x_k)$,证明 $R_k=(x_k-x_{k-1})/(x_{k-1}-x_{k-2})^2$ 收敛到 $-f''(x^*)/[2f'(x^*)]$,这里 x^* 为 $f(x)=0$ 的根。

9. 将牛顿法应用于方程 $x^3 - a = 0$,导出求立方根 $\sqrt[3]{a}$ 的迭代公式,并讨论其收敛性。

10. 证明迭代公式

$$x_{k+1} = \frac{x_k(x_k^2 + 3a)}{3x_k^2 + a}$$

是计算 $\sqrt{a}$ 的三阶方法。假定初值 x_0 充分靠近根 x^*,求

$$\lim_{k \to \infty}(\sqrt{a} - x_{k+1})/(\sqrt{a} - x_k)^2$$

11. 用牛顿法解方程组

$$\begin{cases} x^2 + y^2 = 4 \\ x^2 - y^2 = 1 \end{cases}$$

取 $x^0 = [1.6, 1.2]^T$。

12. 使用 MATLAB 程序,考虑方程组:

$$\begin{cases} 0.409\,6x_1 + 0.123\,4x_2 + 0.367\,8x_3 + 0.294\,3x_4 = 0.404\,3 \\ 0.224\,6x_1 + 0.387\,2x_2 + 0.401\,5x_3 + 0.112\,9x_4 = 0.155\,0 \\ 0.364\,5x_1 + 0.192\,0x_2 + 0.378\,1x_3 + 0.064\,3x_4 = 0.424\,0 \\ 0.178\,4x_1 + 0.400\,2x_2 + 0.278\,6x_3 + 0.392\,7x_4 = -0.255\,7 \end{cases}$$

(1) 用高斯消元法解所给方程组(用四位小数计算)。

(2) 用列主元消去法解所给方程组并与(1)比较结果。

13. 使用 MATLAB 程序,设方程组

$$\begin{cases} 5x_1 + 2x_2 + x_3 = -12 \\ -x_1 + 4x_2 + 2x_3 = 20 \\ 2x_1 - 3x_2 + 10x_3 = 3 \end{cases}$$

(1) 考虑用雅可比迭代法、高斯-塞德尔迭代求解线性方程组的收敛性。

(2) 用雅可比迭代法、高斯-塞德尔迭代求解线性方程组,要求当 $\|x^{(k+1)} - x^{(k)}\|_\infty < 10^{-4}$ 时迭代终止。

14. 使用 MATLAB 程序,用图形法、两分法求下列方程的根:

(1) $0.5e^{x/3} - \sin x = 0$,$x > 0$。

(2) $0.1x^3 - 5x^2 - x + 4 + e^{-x} = 0$。

15. 使用 MATLAB 程序,用牛顿迭代法、割线法求解下列方程正根的近似值:

(1) $0.5e^{x/3} - \sin x = 0$,$x > 0$。

(2) $\lg(1+x) - x^2 = 0$。

第 4 章

数值积分与数值微分

在实施复杂工程问题的求解时,复杂积分和复杂微分通常也是需要面对的问题,当传统解决思路无法解决问题时,则需要用到"数值"的方法。数值积分的本质在于将积分空间离散化,通过离散空间面积的叠加获得需要的积分数值;数值微分的本质在于找到"求导"的替代方法,以简化微分。本章主要就不同的数值积分与微分方法及其精度作详细的讨论。

4.1　数值积分概论

4.1.1　数值积分的基本思想

实际问题中常常需要计算积分。就数值计算方法本身的内容而言,某些微分方程和积分方程的求解,也都和积分计算关系密切。

根据熟知的微积分基本定理,对于积分

$$I = \int_a^b f(x)\mathrm{d}x \tag{4.1}$$

只要找到被积函数 $f(x)$ 的原函数 $F(x)$,便可按如下公式(牛顿-莱布尼茨公式)计算:

$$I = \int_a^b f(x)\mathrm{d}x = F(b) - F(a) \tag{4.2}$$

但实际使用此种方法在很多时候有困难:

(1) 某些函数,如 $\dfrac{\sin x}{x}(x \neq 0)$,$\mathrm{e}^{(-x^2)}$ 等,其原函数无法用初等函数表达。

(2) 即使能够求得原函数,积分计算也可能十分困难,如被积函数

$$f(x) = \frac{1}{1+x^6}$$

原函数为

$$F(x) = \frac{1}{3}\arctan x + \frac{1}{6}\arctan\left(x - \frac{1}{x}\right) + \frac{1}{4\sqrt{3}}\ln\frac{x^2 + x\sqrt{3} + 1}{x^2 - x\sqrt{3} + 1} + C$$

计算 $F(a)$ 和 $F(b)$ 仍然十分困难。

当 $f(x)$ 由测量或数值计算给出的数据表时,牛顿-莱布尼茨公式也不能直接应用。因此,有必要研究积分的数值计算方法。

根据积分中值定理:在积分区间 $[a, b]$ 内存在一点 ζ,使得下式成立:

$$\int_a^b f(x)\mathrm{d}x = (b - a)f(\zeta) \tag{4.3}$$

如图 4.1 所示,高为 $f(\zeta)$,底长 $(b-a)$ 的矩形面积正好准确等于积分获得的面积。

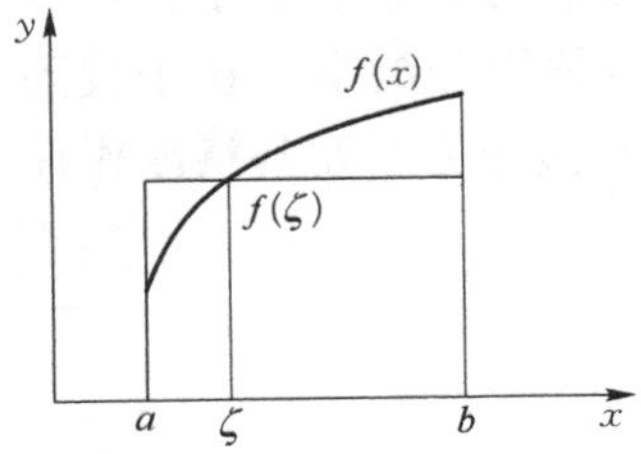

问题在于 ζ 的具体位置是找不到的,因而难以准确给出 $f(\zeta)$ 的值,或者难以准确给出积分的计算值。

如此,对此"高度 $f(\zeta)$"提供一种算法,以获得此值的近似值,便获得一种数值求积的方法。

第一种简单方法: 以两端点"高度"的算术平均值即 $(f(a)+f(b))/2$ 近似替代平均高度 $f(\zeta)$,如图 4.2 所示,得出积分公式为

$$\int_a^b f(x)\mathrm{d}x \approx (b-a)\frac{f(a)+f(b)}{2} \tag{4.4}$$

图 4.1 积分中值定理图形示意

从图形上理解,平均高度 $f(\zeta)$ 被替换(导致一定误差);从公式上可见另一种图形:$f(a)$ 和 $f(b)$ 为上下底,$(b-a)$ 为高的梯形(梯形公式)。

第二种简单方法: 先取 a 和 b 的中点,得到 $c=(b+a)/2$,以 $f(c)=f((b+a)/2)$ 代替平均高度 $f(\zeta)$,获得又一种近似,如图 4.3 所示(中矩形公式):

$$\int_a^b f(x)\mathrm{d}x \approx (b-a)f\left(\frac{b+a}{2}\right) \tag{4.5}$$

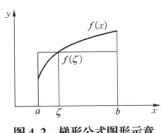

图 4.2 梯形公式图形示意

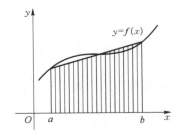

图 4.3 中矩形公式图形示意

由此,推广到更一般的方法。在 $[a,b]$ 上取更多的节点 x_k,用 $f(x_k)$ 的加权平均获得平均高度 $f(\zeta)$ 的近似,这样构造出的求积公式具有如下一般形式:

$$\int_a^b f(x)\mathrm{d}x \approx \sum_{k=0}^n A_k f(x_k) \tag{4.6}$$

式中 x_k ——求积节点;

A_k ——求积系数,亦称伴随节点 x_k 的权。

权 A_k 仅与节点 x_k 的选取有关,而不依赖被积函数 $f(x)$ 的具体形式。

这类数值积分方法通常称为机械求积,其特点是将积分求值问题归纳为被积函数值的计算问题,避开了传统牛顿-莱布尼茨公式需要求原函数的困难,同时很适合在计算机上使用。

4.1.2 数值积分的代数精度

数值积分方法是近似的方法,为了保证精度,希望确定后的积分数值计算形式能够

满足"尽可能多"的函数。

由于多项式函数的传统积分容易计算,将 $f(x)=1$,x,x^2,$\cdots$,x^m,x^{m+1} 一个个代入式(4.6),判断左侧传统积分 $\int_a^b f(x)\mathrm{d}x$ 与右侧数值计算形式 $\sum\limits_{k=0}^n A_k f(x_k)$ 是否相等。

如果代入次数不超 m 次多项式,两边相等,直到第 $m+1$ 次不相等,称此种积分数值计算形式(求积公式),具有 m 次代数精度。即

$$\left.\begin{aligned} &\sum_{k=0}^n A_k = b-a \\ &\sum_{k=0}^n A_k x_k = \frac{1}{2}(b^2-a^2) \\ &\cdots\cdots \\ &\sum_{k=0}^n A_k x_k^m = \frac{1}{m+1}(b^{m+1}-a^{m+1}) \end{aligned}\right\} \tag{4.7}$$

不难验证:

梯形公式
$$\int_a^b f(x)\mathrm{d}x \approx (b-a)\frac{f(a)+f(b)}{2}$$

和

中矩形公式
$$\int_a^b f(x)\mathrm{d}x \approx (b-a)f\left(\frac{b+a}{2}\right)$$

都仅具有 1 次代数精度。

根据式(4.7),如果事先确定了求积节点 $x_k \in [a,b]$,并令节点个数 $n+1$ 中的 $n=m$,则可确定 $n+1$ 个变量 A_k 和 $n+1$ 个方程,由此可解出上式,获得最终的积分公式,并且此积分公式具有 m 次(n 次)代数精度。

以 $n=m=1$,并取 $x_0=a$,$x_1=b$ 为例:

按积分公式定义式(4.6):$\int_a^b f(x)\mathrm{d}x \approx \sum\limits_{k=0}^n A_k f(x_k)$

有
$$I(f)=\int_a^b f(x)\mathrm{d}x \approx A_0 f(a)+A_1 f(b)$$

因 $n=m=1$,则分别令 $m=0$ 和 $m=1$ 列出式(4.4)的前两个式子:

$$\begin{cases} A_0+A_1=b-a \\ A_0 a+A_1 b=\dfrac{1}{2}(b^2-a^2) \end{cases}$$

解得
$$A_0=A_1=\frac{1}{2}(b-a)$$

代入积分公式

$$I(f) = \int_a^b f(x)\mathrm{d}x \approx A_0 f(a) + A_1 f(b)$$

得
$$I(f) \approx \frac{1}{2}(b-a)[f(a)+f(b)]$$

这就是上述梯形公式,它表明利用线性方程组(4.7)推出的积分公式,与之前利用两点 $(a,f(a))$,$(b,f(b))$ 获得的近似直线 $f(x)$,两者一致。

梯形公式根据代数精度要求的前两式($m=0$,$m=1$)求得,必然已经具备 1 次代数精度,此时将梯形公式用多项式 x^2($m=2$)试一下:

$$\int_a^b x^2 \mathrm{d}x = \frac{1}{3}(b^3-a^3) \neq A_0 f(a) + A_1 f(b) = \frac{1}{2}(b-a)(a^2+b^2)$$

由此,梯形公式

$$I(f) \approx \frac{1}{2}(b-a)[f(a)+f(b)]$$

其代数精度为 1。

根据式(4.7),求出梯形公式积分公式时,求积节点 x_k 是事先定下来的,仅须求出 A_k;如果 x_k 也不定,当 $m=n$ 时,需要求解的是关于 $x_k(k=0,1,\cdots,n)$ 和 $A_k(k=0,1,\cdots,n)$ 的 $2n+2$ 个变量的非线性方程组,当 $n>1$ 时是非常困难的。

仅以 $n=0$(两个未知量 x_0 和 A_0),并取 $m=1$(两个方程)为例:

按积分公式定义[式(4.6)]: $\int_a^b f(x)\mathrm{d}x \approx \sum_{k=0}^n A_k f(x_k)$

有
$$I(f) = \int_a^b f(x)\mathrm{d}x \approx A_0 f(x_0)$$

令 $m=0$ 和 $m=1$,列出式(4.4)前两项

$$\begin{cases} A_0 = b-a \\ A_0 x_0 = \frac{1}{2}(b^2-a^2) \end{cases}$$

得
$$A_0 = b-a; \ x_0 = \frac{1}{2}(a+b)$$

得
$$I(f) \approx A_0 f(x_0) = (b-a)f\left(\frac{1}{2}(a+b)\right)$$

这就是上述中矩形公式。

中矩形公式同样根据代数精度要求的前两式($m=0$,$m=1$)求得,必然已经具备

1 次代数精度, 此时将梯形公式用多项式 $x^2(m=2)$ 试一下:

$$\int_a^b x^2 \mathrm{d}x = \frac{1}{3}(b^3 - a^3) \neq \sum_{k=0}^{0} A_k x_k^2 = A_0 x_0^2 = (b-a)\left(\frac{a+b}{2}\right)^2$$

由此, 中矩形公式

$$I(f) \approx (b-a)f\left(\frac{1}{2}(a+b)\right)$$

其代数精度同样为 1。

例 4.1　尝试: 根据代数精度的定义, 看看形如

$$I(f) = \int_0^1 f(x)\mathrm{d}x \approx A_0 f(0) + A_1 f(1) + B_0 f'(0)$$

的求积公式, 试确定其系数 A_0, A_1, B_0, 使公式具有尽可能高的代数精度。

解答: 由题意可知: 三个未知数, 令 $m=2$ 即可获得三个方程, 有可能获得唯一解, 再验证 $m=3,4\cdots$, 是否成立, 以验证已获得的积分公式的代数精度。

当 $f(x) = 1$ 时,

$$\int_0^1 1\mathrm{d}x = 1 = A_0 + A_1$$

当 $f(x) = x$ 时,

$$\int_0^1 x\mathrm{d}x = \frac{1}{2} = A_1 + B_0$$

当 $f(x) = x^2$ 时,

$$\int_0^1 x^2 \mathrm{d}x = \frac{1}{3} = A_1$$

可得

$$A_1 = \frac{1}{3}, \ A_0 = \frac{2}{3}, \ B_0 = \frac{1}{6}$$

故原表达式为

$$\int_0^1 f(x)\mathrm{d}x = \frac{2}{3}f(0) + \frac{1}{3}f(1) + \frac{1}{6}f'(0)$$

验证 $m=3$:

$$\int_0^1 f(x)\mathrm{d}x = \int_0^1 x^3 \mathrm{d}x = \frac{1}{4} \neq \frac{1}{3}$$

故此积分公式代数精度为 2。

实际上, 此处是利用了埃尔米特插值多项式的准确积分作为数值积分公式, 即可利用某些节点的导数值作插值, 构造数值积分公式。

接下来学习一种常用的普通插值,获得数值积分公式。

4.1.3 插值型的求积公式

设给定一组节点:

$$x_0, <x_1 < \cdots < x_k < \cdots < x_n \in [a, b]$$

且已知函数 $f(x)$ 在 这些节点上的值,可作拉格朗日插值

$$Ln(x) \approx f(x)$$

则有

$$I(f) = \int_a^b f(x)\mathrm{d}x \approx I_n = \int_a^b Ln(x)\mathrm{d}x \qquad (4.8)$$

数值积分公式的目标是构建形如:$\int_a^b f(x)\mathrm{d}x \approx \sum_{k=0}^n A_k f(x_k)$ 的公式。

而基于拉格朗日插值函数的形式,可以很方便地获得这样的形式。构造如下。

因为

$$L_n(x) = \sum_{k=0}^n l_k(x)f(x_k),\ l_k(x) = \prod_{l=0, l\neq k}^n \frac{x - x_l}{x_k - x_l} \quad (k=0, 1, \cdots, n) \qquad (4.9)$$

所以

$$\begin{aligned}
I(f) &= \int_a^b f(x)\mathrm{d}x \approx \int_a^b Ln(x)\mathrm{d}x = \int_a^b \left(\sum_{k=0}^n l_k(x)f(x_k)\right)\mathrm{d}x \\
&= \sum_{k=0}^n \left[\int_a^b l_k(x)f(x_k)\mathrm{d}x\right] = \sum_{k=0}^n \left[f(x_k)\int_a^b l_k(x)\mathrm{d}x\right] \\
&= \sum_{k=0}^n A_k f(x_k)
\end{aligned} \qquad (4.10)$$

即求积公式为

$$I(f) \approx I_n = \sum_{k=0}^n A_k f(x_k) \quad (k=0, 1, \cdots, n) \qquad (4.11)$$

其中
$$A_k = \int_a^b l_k(x)\mathrm{d}x \quad (k=0, 1, \cdots n) \qquad (4.12)$$

(注意:和的积分等于积分之和)

根据拉格朗日插值误差定理证明,有:$R_n(x) = f(x) - L_n(x)$,则求积公式的余项为

$$R(f) = I(f) - I_n = \int_a^b f(x)\mathrm{d}x - \int_a^b Ln(x)\mathrm{d}x = \int_a^b (f(x) - Ln(x))\mathrm{d}x$$

$$= \int_a^b R_n(x) \mathrm{d}x = \int_a^b f(x) \mathrm{d}x - \sum_{k=0}^n A_k f(x_k) \tag{4.13}$$

其中　　　$R_n(x) = \dfrac{f^{(n+1)}(\zeta)}{(n+1)!} \omega_n(x)，\ \omega_n(x) = (x-x_0)(x-x_1) \cdot \cdots \cdot (x-x_n)$

定理 4.1　形如式(4.11)的求积公式至少有 n 次代数精度的充分必要条件是，它是插值型的。

证明： 如果式(4.11)是插值型的，则 $f(x)$ 为次数不超过 n 的多项式时，

$$R_n(x) = \frac{f^{(n+1)}(\zeta)}{(n+1)!} = 0,\ R(f) = \int_a^b R_n(x) \mathrm{d}x = 0$$

即有 $\displaystyle\int_a^b f(x) \mathrm{d}x \equiv \sum_{k=0}^n A_k f(x_k)$。

说明插值型求积公式至少具有 n 次代数精度。

反之：若求积公式(4.11)至少具有 n 次代数精度，则它必定是插值型的。

事实上，此时公式(4.11)对于特殊的 n 次多项式——插值基函数应准确成立，即有

$$\int_a^b l_k(x) \mathrm{d}x = \sum_{j=0}^n A_j l_k(x_j)$$

因有 $l_i(x_i) = 1；\ l_i(x_j) = 0；\ i \neq j；\ i,j = 0,1,\cdots,n$［式(2.17)］，故上式右端即等于 A_k，因而式(4.12) $A_k = \displaystyle\int_a^b l_k(x) \mathrm{d}x，\ k = 0,1,\cdots,n$ 成立。

例 4.2　完善插值型求积公式 $\displaystyle\int_{-1}^1 f(x) \mathrm{d}x = A_0 f\left(-\frac{1}{2}\right) + A_1 f\left(\frac{1}{2}\right)$，并确定其代数精度。

解答： 由题可知，$n = 1$ 时

$$x_0 = -\frac{1}{2},\ x_1 = \frac{1}{2},\ a = -1, b = 1$$

$$A_0 = \int_{-1}^1 l_0(x) \mathrm{d}x = \int_{-1}^1 \prod_{l=0,\, l \neq 0}^1 \frac{x-x_1}{x_0-x_1} \mathrm{d}x = \int_{-1}^1 \left(-x + \frac{1}{2}\right) \mathrm{d}x = 1$$

$$A_1 = \int_{-1}^1 l_1(x) \mathrm{d}x = \int_{-1}^1 \prod_{l=0,\, l \neq 1}^1 \frac{x-x_0}{x_1-x_0} \mathrm{d}x = \int_{-1}^1 \left(x + \frac{1}{2}\right) \mathrm{d}x = 1$$

从而求积公式为　　　　　　$\displaystyle\int_{-1}^1 f(x) \mathrm{d}x = f\left(-\frac{1}{2}\right) + f\left(\frac{1}{2}\right)$

代数精度 $m \geqslant n = 1$。

验证：令

$$f(x) = x^2,\ \int_{-1}^1 f(x) \mathrm{d}x = \frac{2}{3} \neq f\left(-\frac{1}{2}\right) + f\left(\frac{1}{2}\right) = \frac{1}{2}$$

代数精度 $m=1$。

4.2 牛顿-柯特斯公式

4.2.1 柯特斯系数与辛普森公式

若将积分区间 $[a,b]$ 划分为 n 等份，则步长为 $h=\dfrac{b-a}{n}$，则等距节点为

$$x_k=a+kh \quad (k=0,1,\cdots,n)$$

构造出插值型求积公式新的形式

$$I_n=(b-a)\sum_{k=0}^{n}C_k^{(n)}f(x_k) \tag{4.14}$$

此形式其实是根据拉格朗日插值型求积公式，将变量 x 变为 $x=a+th$，引入新变量 t，改换得来，称为牛顿-柯特斯(Newton-Cotes)公式，其中 $C_k^{(n)}$ 称为柯特斯系数。

因拉格朗日插值型

$$I_n=\sum_{k=0}^{n}A_kf(x_k)=\sum_{k=0}^{n}\left[\int_a^b l_k(x)\mathrm{d}x\right]f(x_k)$$

令

$$\int_a^b l_k(x)\mathrm{d}x=(b-a)C_k^{(n)}$$

则可得

$$C_k^{(n)}=\frac{(-1)^{n-k}}{nk!\,(n-k)!}\int_0^n\prod_{j=0,\,j\neq k}^{n}(t-j)\mathrm{d}t \tag{4.15}$$

$C_k^{(n)}$ 的求取，虽然看似复杂，但因是多项式积分，计算不会遇到特别大的困难。

(1) $n=1$ 时，

$$C_0^{(1)}=C_1^{(1)}=\frac{1}{2}$$

相应地求积公式

$$I_1=\frac{1}{2}(b-a)[f(a)+f(b)]$$

又变成梯形求积公式

(2) $n=2$ 时，

$$\begin{cases} C_0^{(2)}=\dfrac{1}{4}\displaystyle\int_0^2(t-1)(t-2)\mathrm{d}t=\dfrac{1}{6} \\[3mm] C_1^{(2)}=-\dfrac{1}{2}\displaystyle\int_0^2 t(t-2)\mathrm{d}t=\dfrac{4}{6} \\[3mm] C_0^{(2)}=\dfrac{1}{4}\displaystyle\int_0^2 t(t-1)\mathrm{d}t=\dfrac{1}{6} \end{cases}$$

相应地求积公式

$$S = I_2 = \frac{(b-a)}{6}\left[f(a) + 4f\left(\frac{a+b}{2}\right) + f(b)\right]$$

称为辛普森(Simpson)公式。

（3）$n=4$ 时，

$$C = I_4 = \frac{b-a}{90}\left[7f(x_0) = 32f(x_1) + 12f(x_2) + 32f(x_3) + 7f(x_4)\right]$$

其中 　　　　$x_k = a + kh \ (k=0,\ 1,\ 2,\ 3,\ 4),\ h=(b-a)/4$

称为柯特斯公式。

表 4.1 给出了柯特斯系数的一部分，当 $n \geqslant 8$ 后，系数出现负数(此问题将在后续内容中讨论)。

表 4.1　柯特斯系数(部分)

n									
1	1/2	1/2							
2	1/6	4/6	1/6						
3	1/8	3/8	3/8	1/8					
4	7/90	16/45	2/15	15/45	7/90				
5	19/288	25/96	25/144	25/144	25/96	19/288			
6	41/840	9/35	9/280	34/105	9/280	9/35	41/840		
7	751/17 280	3 577/17 280	1 323/17 280	2 989/17 280	2 989/17 280	1 323/17 280	3 577/17 280	751/17 280	
8	989/28 350	5 888/28 350	−928/28 350	10 496/28 350	−4 540/28 350	10 496/28 350	−928/28 350	5 888/28 350	989/28 350

4.2.2　偶阶求积公式的代数精度

牛顿-柯特斯插值求积公式，由普通插值型求积公式转换而来，其至少具有 n 次代数精度；之前的练习题中，n 取值为 1，验证发现也仅有 1 次代数精度(即当 $n=1$，为奇数时，有且仅有 n 次代数精度)。是否有可能进一步提高？

以辛普森公式为例，看看 $n=2$ 时的情况：

辛普森公式 　　　$S = \frac{(b-a)}{6}\left[f(a) + 4f\left(\frac{a+b}{2}\right) + f(b)\right]$

是二阶牛顿-柯特斯公式，则至少具有 2 次代数精度。进一步验算 $f(x)=x^3$ 时的情况：

按辛普森公式计算得

$$S = \frac{(b-a)}{6}\left[a^3 + 4\left(\frac{a+b}{2}\right)^3 + b^3\right] = \frac{b^4 - a^4}{4}$$

按直接求积得
$$I(f) = \int_a^b x^3 \, \mathrm{d}x = \frac{b^4 - a^4}{4}$$

可得 $S = I(f)$，辛普森公式有 $(2+1) = 3$ 次代数精度(即当 $n = 2$，为偶数时，有且仅有 $n+1$ 次代数精度)。

由此推广到更一般的形式：当阶 n 为偶数时，牛顿-柯特斯求积公式：

$$I_n = (b-a)\sum_{k=0}^n C_k^{(n)} f(x_k), \quad C_k^{(n)} = \frac{(-1)^{n-k}}{nk!\,(n-k)!}\int_0^n \prod_{j=0,\,j\neq k}^n (t-j)\mathrm{d}t \qquad (4.16)$$

至少具有 $n+1$ 次代数精度。

证明： (1) 按余项定理

$$R_n(x) = \frac{f^{(n+1)}(\zeta)}{(n+1)!}\omega_n(x)$$

此时
$$f(x) = x^{n+1}$$

则有
$$f^{(n+1)}(x) = (n+1)!$$

从而有
$$R(f) = \int_a^b R_n(x)\mathrm{d}x = \int_a^b \omega_n(x)\mathrm{d}x = \int_a^b \prod_{j=0}^n (x-x_j)\mathrm{d}x$$

(2) 因为等距节点，将变量 x 替换为变量 t，

有
$$x = a + th$$

相应地
$$x_j = a + jh$$

则有
$$R(f) = \int_a^b \prod_{j=0}^n h(t-j)\mathrm{d}(a+th) = h^{n+2}\int_0^n \prod_{j=0}^n (t-j)\mathrm{d}t$$

(3) 若 n 为偶数，则进一步变量变换，

$$t = u + \frac{n}{2}$$

其中，$n/2$ 为整数，则有

$$R(f) = h^{n+2}\int_{-\frac{n}{2}}^{\frac{n}{2}} \prod_{j=0}^n \left(u + \frac{n}{2} - j\right)\mathrm{d}u$$

(4) 令
$$H(u) = \prod_{j=0}^n \left(u + \frac{n}{2} - j\right) = \prod_{j=-n/2}^{n/2} (u-j)$$

为奇函数,其积分为零。

即 $R_n(x)$ 在被积函数为:$f(x)=x^{n+1}$ 时也为零,具有 $n+1$ 次代数精度。

例 4.3 用 $n=1,2,3,4,5$ 相应的牛顿-柯特斯公式,计算积分:$\int_0^1 \frac{\sin x}{x} \mathrm{d}x$。

解答: 柯特斯系数见表 4.1,$n=1,2,3,4,5$,相应的牛顿-柯特斯公式积分近似值见表 4.2。

表 4.2 $n=1,2,3,4,5$ 时相应的牛顿-柯特斯公式积分近似值

n	积分近似值
1	0.920 735 4
2	0.946 125 9
3	0.946 110 9
4	0.946 083 0
5	0.946 083 0

实际上,该积分的准确值是 0.946 083 1(7 位有效数字);容易发现:$n=2$ 的结果比 $n=1$ 有显著改进;$n=3$ 的结果比 $n=2$ 无实质进展;进一步证明了偶阶求积公式的优势:为了保证精度和节约时间,应尽量选用 n 为偶数的情形。

注:当 $n=1$ 时,$\frac{\sin x}{x}$ 的计算,有 $\lim_{x \to 0} \frac{\sin x}{x}=1$。

4.2.3 牛顿-柯特斯公式的数值稳定性

从表 4.1 中可看出,$n \geqslant 8$ 时柯特斯系数出现负值,于是有

$$\sum_{k=0}^n |C_k^{(n)}| > \sum_{k=0}^n C_k^{(n)}=1$$

设 $\tilde{f}_k$ 是 $f(x_k)$ 的一个近似,并特别假设

$$|f(x_k)-\tilde{f}_k|=\delta$$

且

$$C_k^{(n)}(f(x_k)-\tilde{f}_k)>0$$

则有

$$|I_n(f)-I_n(\tilde{f})| = \left| \sum_{k=0}^n C_k^{(n)}[f(x_k)-\tilde{f}_k] \right| = \sum_{k=0}^n C_k^{(n)}[f(x_k)-\tilde{f}_k]$$

$$= \sum_{k=0}^n |C_k^{(n)}| |f(x_k)-\tilde{f}_k|=\delta \sum_{k=0}^n |C_k^{(n)}| > \delta \tag{4.17}$$

即被积函数误差,通过积分后导致误差变大,数值计算出现不稳定不收敛。实际计算中,很少采用高阶牛顿-柯特斯求积公式,而采用高斯求积或复合求积来提高精度。

4.3　求积公式的稳定性与收敛性

4.3.1　求积公式的稳定性

式(4.17)说明,由于计算被积函数 $f(x_k)$ 会产生误差,如果数值积分运算后导致误差放大,则积分算法是不稳定的。

假设某 $f(x_k)$ 的计算误差 δ_k,由此实际计算得到 $\widetilde{f}_k$,即

$$f(x_k) = \widetilde{f}_k + \delta_k$$

如果对于任意小正数 $\varepsilon > 0$,只要误差 $|\delta_k|$ 足够小,能保证积分误差:

$$|I_n(f) - I_n(\widetilde{f})| = \left| \sum_{k=0}^{n} A_k [f(x_k) - \widetilde{f}_k] \right| \leqslant \varepsilon \tag{4.18}$$

则求积公式计算稳定。

定义 4.1　对于任意小正数 ε,如果存在 $\delta > 0$,且满足

$$|f(x_k) - \widetilde{f}_k| < \delta$$

使得式(4.18)成立,则积分公式 $I(f) = \sum_{k=0}^{n} A_k f(x_k)$ 计算稳定。

定理 4.2　求积公式

$$I(f) = \int_a^b f(x) \mathrm{d}x \approx \sum_{k=0}^{n} A_k f(x_k)$$

中的系数 $A_k > 0$,则求积公式稳定。

注:其实就是构造存在的 δ,在满足 $A_k > 0$ 条件下,使得 $|I_n(f) - I_n(\widetilde{f})| = \left| \sum_{k=0}^{n} A_k [f(x_k) - \widetilde{f}_k] \right| \leqslant \varepsilon$ 成立。

证明: 对于任意小正数 ε,可取 $\delta = \dfrac{\varepsilon}{b-a}$,存在。因 ε 任意,总能使得

$$|f(x_k) - \widetilde{f}_k| \leqslant \delta$$

成立

则有　$|I_n(f) - I_n(\widetilde{f})| = \left| \sum_{k=0}^{n} A_k [f(x_k) - \widetilde{f}_k] \right| \leqslant \sum_{k=0}^{n} |A_k| |f(x_k) - \widetilde{f}_k|$

因为 $A_k > 0$,所以

$$\sum_{k=0}^{n} |A_k| |f(x_k) - \widetilde{f}_k| \leqslant \delta \sum_{k=0}^{n} A_k$$

因为
$$\sum_{k=0}^{n} A_k = (b-a)$$

则
$$\delta \sum_{k=0}^{n} A_k = \delta(b-a) = \varepsilon$$

所以
$$\left| I_n(f) - I_n(\widetilde{f}) \right| = \left| \sum_{k=0}^{n} A_k [f(x_k) - \widetilde{f}_k] \right| \leqslant \varepsilon$$

即只要求积公式系数 $A_k > 0$，求积公式计算稳定。

所以，牛顿-柯特斯求积公式中，高阶如 $n=8$ 时，A_k 出现小于 0 情况，计算不稳定。

4.3.2　求积公式的收敛性

参照式(4.13)，求积公式余项可写成如下形式：

$$R(f) = \int_a^b R_n(x)\mathrm{d}x = \int_a^b \frac{f^{(n+1)}(\zeta)}{(n+1)!} \omega_n(x)\mathrm{d}x$$
$$= \left(\int_a^b \frac{\omega_n(x)}{(n+1)!}\mathrm{d}x \right) \cdot \left(\int_a^b f^{(n+1)}(\zeta)\mathrm{d}x \right) \tag{4.19}$$

即求积公式余项可表示为两个积分相乘的形式，其中乘积第一项求积后为定值，第二项因 (ζ) 未知而无法确定。由此，式(4.19)可简化为

$$R(f) = K \cdot \left(\int_a^b f^{(n+1)}(\zeta)\mathrm{d}x \right) \tag{4.20}$$

其中 $K = \int_a^b \frac{\omega_n(x)}{(n+1)!}\mathrm{d}x$，为常数。

又根据代数精度定义，对于某 m 级代数精度求积公式，要求：

$f(x)$ 为 m 阶多项式时，$R(f)=0$。

$f(x)$ 为 $m+1$ 阶多项式时，$R(f) \neq 0$。

则求积公式余项可进一步转换为

$$R(f) = K \cdot f^{m+1}(\eta), \ \eta \in (a, b) \tag{4.21}$$

于是，当 $f(x)=x^m$ 时，余项为零，满足 m 阶代数精度。

当 $f(x)=x^{m+1}$ 时，余项不仅不为零，且有 $f(x)^{(m+1)}=(m+1)!$。则令

$$f(x)=x^{m+1}$$

代入

$$R(f) = \int_a^b f(x) - \sum_{k=0}^{n} A_k f(x_k) = K \cdot f^{m+1}(\eta) \tag{4.22}$$

求出
$$K = \frac{1}{(m+1)!} \left[\int_a^b x^{m+1}\mathrm{d}x - \sum_{k=0}^{n} A_k x_k^{m+1} \right]$$

$$= \frac{1}{(m+1)!} \left[\frac{1}{m+2} (b^{m+2} - a^{m+2}) - \sum_{k=0}^{n} A_k x_k^{m+1} \right] \qquad (4.23)$$

将式(4.23)代入式(4.22),构成新的余项表达式。

于是有如下公式。

1) 梯形公式

代数精度为1,

$$R(f) = K f''(\eta)$$

得 $\qquad K = \frac{1}{2} \left[\frac{1}{3} (b^3 - a^3) - \frac{b-a}{2} (a^2 + b^2) \right] = -\frac{1}{12} (b-a)^3$

梯形公式余项 $\qquad R(f) = -\frac{1}{12} (b-a)^3 f''(\eta), \ \eta \in (a, b)$

2) 中矩形公式

代数精度为1,则

$$R(f) = K f''(\eta)$$

得 $\qquad K = \frac{1}{2} \left[\frac{1}{3} (b^3 - a^3) - (b-a) \left(\frac{a+b}{2} \right)^2 \right] = \frac{1}{24} (b-a)^3$

中矩形公式余项 $\qquad R(f) = \frac{1}{24} (b-a)^3 f''(\eta), \ \eta \in (a, b)$

3) 辛普森公式

代数精度为3,则

$$R(f) = K f^{(4)}(\eta)$$

得 $\quad K = \frac{1}{24} \left[\frac{1}{5} (b^5 - a^5) - \frac{(b-a)}{6} \left\{ a^4 + 4 \left(\frac{a+b}{2} \right)^4 + b^4 \right\} \right] = -\frac{b-a}{180} \left(\frac{b-a}{2} \right)^4$

辛普森公式余项 $\quad R(f) = -\frac{b-a}{180} \left(\frac{b-a}{2} \right)^4 f^{(4)}(\eta), \ \eta \in (a, b)$

例 4.4 根据余项表达式的新定义,试求积分公式 $\int_0^1 f(x) \mathrm{d}x \approx \frac{2}{3} f(0) + \frac{1}{3} f(1) + \frac{1}{6} f'(0)$ 的余项表达式。

解答: 令 $f(x) = x^2$,有

$$\int_0^1 f(x) \mathrm{d}x = \frac{1}{3} = \frac{2}{3} f(0) + \frac{1}{3} f(1) + \frac{1}{6} f'(0)$$

令 $f(x) = x^3$，有

$$\int_0^1 f(x)\mathrm{d}x = \frac{1}{4} \neq \frac{1}{3} = \frac{2}{3}f(0) + \frac{1}{3}f(1) + \frac{1}{6}f'(0)$$

则此求积分公式代数精度为 2，有

$$R(f) = Kf^{(3)}(\eta)$$

$$K = \frac{1}{(m+1)!}\left[\int_a^b x^{m+1}\mathrm{d}x - \left(\frac{2}{3}f(0) + \frac{1}{3}f(1) + \frac{1}{6}f'(0)\right)\right]$$

$$= \frac{1}{3!}\left[\int_0^1 x^3\mathrm{d}x - \left(\frac{2}{3}f(0) + \frac{1}{3}f(1) + \frac{1}{6}f'(0)\right)\right] = -\frac{1}{72}$$

其余项

$$R(f) = -\frac{1}{72}f^{(3)}(\eta), \quad \eta \in (0, 1)$$

4.4　复合求积公式

4.4.1　复合梯形公式

由于牛顿-柯特斯公式在 $n \geqslant 8$ 时不具有稳定性，故不能通过提高阶的方法来提高求积精度。为了提高精度，通常可把积分区间分成若干子区间（通常是等分），再在每个子区间上用低阶求积公式。这种方法称为复合求积方法。本节主要讨论复合梯形公式和复合辛普森公式。

将区间 $[a, b]$ 划分为 n 等份，节点

$$x_k = a + kh, \quad h = \frac{b-a}{n} \quad (k = 0, 1, 2, \cdots, n)$$

在每个子区间

$$[x_k, x_{k+1}] \quad (k = 0, 1, 2, \cdots, n-1)$$

上采用梯形公式

$$f(x) \approx \frac{b-a}{2}[f(a) + f(b)]$$

得

$$I(f) = \int_a^b f(x)\mathrm{d}x = \sum_{k=0}^{n-1}\int_{x_k}^{x_{k+1}} f(x)\mathrm{d}x$$

$$= \sum_{k=0}^{n-1}\left\{\frac{x_{k+1} - x_k}{2}[f(x_k) + f(x_{k+1})]\right\} + R_n(f)$$

$$= \frac{h}{2}\sum_{k=0}^{n-1}[f(x_k) + f(x_{k+1})] + R_n(f)$$

记

$$T_n = \frac{h}{2}\sum_{k=0}^{n-1}[f(x_k) + f(x_{k+1})]$$

$$= \frac{h}{2}(f(x_0) + 2f(x_1) + 2f(x_2) + \cdots + 2f(x_{n-1}))$$

$$= \frac{h}{2} \left[f(a) + 2\sum_{k=1}^{n-1} f(x_k) + f(b) \right] \tag{4.24}$$

式(4.24)称为复合梯形公式。

因梯形公式余项

$$R(f) = -\frac{1}{12}(b-a)^3 f''(\eta)$$

则复合梯形公式余项

$$R_n(f) = I(f) - T_n = \sum_{k=0}^{n-1} \left[-\frac{1}{12} h^3 f''(\eta_k) \right], \ \eta_k \in (x_k, x_{k+1})$$

若被积函数

$$f(x) \in C^2[a, b]$$

则有

$$\min_{0 \leqslant k \leqslant n-1} f''(\eta_k) \leqslant \frac{1}{n} \sum_{k=0}^{n-1} f''(\eta_k) \leqslant \max_{0 \leqslant k \leqslant n-1} f''(\eta_k)$$

则必然存在 $\eta \in (a, b)$,满足

$$f''(\eta) = \frac{1}{n} \sum_{k=0}^{n-1} f''(\eta_k)$$

于是复合梯形公式余项

$$R_n(f) = -\frac{1}{12} h^3 \sum_{k=0}^{n-1} [f''(\eta_k)] = \frac{1}{12} h^3 \cdot n \cdot f''(\eta) = -\frac{b-a}{12} h^2 f''(\eta) \quad (4.25)$$

当 $n \to \infty$ 时, $h \to 0$。 即当被积函数 $f(x) \in C^2[a, b]$ 时,有

$$\lim_{n \to \infty} T_n = \int_a^b f(x) \mathrm{d}x$$

即复合梯形公式是收敛的,且为 h^2 阶收敛。

事实上对于复合梯形公式求积,只需被积函数 $f(x) \in C^1[a, b]$,就可得到收敛性。只需要把 T_n 改写为

$$T_n = \frac{h}{2} \sum_{k=0}^{n-1} [f(x_k) + f(x_{k+1})] = \frac{1}{2} \left[h \sum_{k=0}^{n-1} f(x_k) + h \sum_{k=1}^{n} f(x_k) \right]$$

上式中右端两项,h 为每个区间矩形之底边长度(相等),求和公式为各个底边对应的矩形高度;当 $n \to \infty$ 时,区间越分越细,两部分都得到积分面积,相加再除以 2,就是 $\int_a^b f(x) \mathrm{d}x$。

此外,复合梯形求积公式系数 $\frac{h}{2}$,均为正数,可见其同样也是稳定的。

4.4.2　复合辛普森求积公式

将区间$[a,b]$划分为n等份,节点

$$x_k = a + kh, \ h = \frac{b-a}{n}, \ k = 0, 1, 2, \cdots, n$$

取

$$x_{k+\frac{1}{2}} = x_k + \frac{h}{2}$$

在每个子区间$[x_k, \ x_{k+1}]$ $(k = 0, 1, 2, \cdots, n-1)$上采用辛普森公式:

$$f(x) \approx \frac{b-a}{6}\left[f(a) + 4f\left(\frac{a+b}{2}\right) + f(b)\right]$$

可得

$$I(f) = \int_a^b f(x)\mathrm{d}x = \sum_{k=0}^{n-1}\int_{x_k}^{x_{k+1}} f(x)\mathrm{d}x$$

$$= \sum_{k=0}^{n-1}\left\{\frac{x_{k+1}-x_k}{6}\left[f(x_k) + 4f(x_{k+\frac{1}{2}}) + f(x_{k+1})\right]\right\} + R_n(f)$$

$$= \frac{h}{6}\sum_{k=0}^{n-1}\left[f(x_k) + 4f(x_{k+\frac{1}{2}}) + f(x_{k+1})\right]$$

记

$$S_n = \frac{h}{6}\sum_{k=0}^{n-1}\left[f(x_k) + 4f(x_{k+\frac{1}{2}}) + f(x_{k+1})\right]$$

$$= \frac{h}{6}\left[f(a) + 4\sum_{k=0}^{n-1}f(x_{k+\frac{1}{2}}) + 2\sum_{k=1}^{n-1}f(x_k) + f(b)\right] \tag{4.26}$$

式(4.26)称为复合辛普森公式。

因辛普森公式余项

$$R(f) = -\frac{b-a}{180}\left(\frac{b-a}{2}\right)^4 f^{(4)}(\eta), \ \eta \in (a, b)$$

则复合辛普森公式余项

$$R_n(f) = I(f) - S_n = \sum_{k=0}^{n-1} -\frac{x_{k+1}-x_k}{180}\left(\frac{x_{k+1}-x_k}{2}\right)^4 f^{(4)}(\eta_k)$$

$$= -\frac{h}{180}\left(\frac{h}{2}\right)^4\sum_{k=0}^{n-1}f^{(4)}(\eta_k), \ \eta_k \in (x_k, x_{k+1})$$

与复合梯形公式类似,当被积函数$f(x) \in C^4[a, b]$时,有

$$R_n(f) = I(f) - S_n = -\frac{h}{180}\left(\frac{h}{2}\right)^4\sum_{k=0}^{n-1}f^{(4)}(\eta_k)$$

$$= -\frac{h}{180}\left(\frac{h}{2}\right)^4 \cdot n \cdot f^{(4)}(\eta)$$

$$= -\frac{b-a}{180}\left(\frac{h}{2}\right)^4 f^{(4)}(\eta) \tag{4.27}$$

由式(4.27)得到,复合辛普森公式的误差阶为 $O(h^4)$,当 $n \to \infty$ 时,$h \to 0$。即当被积函数 $f(x) \in C^4[a,b]$ 时,

$$\lim_{n \to \infty} S_n = \int_a^b f(x)\mathrm{d}x$$

即复合辛普森公式是收敛的,且为 h^4 阶收敛。

事实上,只需要被积函数 $f(x) \in C^1[a,b]$,复合辛普森公式 也是收敛性的。此外,复合辛普森公式

$$S_n = \frac{h}{6}\sum_{k=0}^{n-1}\left[f(x_k) + 4f(x_{k+\frac{1}{2}}) + f(x_{k+1})\right]$$

系数均为正数,可见其同样也是稳定的。

例 4.5 对于函数 $f(x) = \dfrac{\sin x}{x}$,已给出 $n=8$ 时的函数表,见表4.3,试用复合梯形公式(划分为 8 等份)和复合辛普森公式(划分为 4 等份)计算积分 $I = \displaystyle\int_0^1 \frac{\sin x}{x}\mathrm{d}x$(保留 7 位有效数字)。

表 4.3　　$n=8$ 的 $f(x)$ 函数表

x	$f(x)$	x	$f(x)$
0	1	5/8	0.936 155 6
1/8	0.997 397 8	6/8	0.908 851 6
2/8	0.989 615 8	7/8	0.877 192 5
3/8	0.976 726 7	1	0.841 470 9
4/8	0.958 851 0		

解答: 将区间 $[0,1]$ 划分为 8 等份,利用复合梯形公式

$$T_n = \frac{h}{2}\left[f(a) + 2\sum_{k=1}^{n-1}f(x_k) + f(b)\right]$$

得 $\qquad\qquad\qquad\qquad T_8 = 0.945\ 690\ 9$

将区间 $[0,1]$ 划分为 4 等份,利用复合辛普森公式

$$S_n = \frac{h}{6}\left[f(a) + 4\sum_{k=0}^{n-1}f(x_{k+\frac{1}{2}}) + 2\sum_{k=1}^{n-1}f(x_k) + f(b)\right]$$

得 $\qquad\qquad\qquad\qquad S_4 = 0.946\ 083\ 2$

比较:

（1）T_8 和 S_4 的计算都需要 9 个点上的函数值，计算量基本相同。

（2）7 位有效数字精确值 0.946 083 1，复合梯形 2 位有效数字精度，复合辛普森 6 位有效数字精度，复合辛普森精度更高。

比较 T_8 和 S_4 的余项估计：

（1）预估计余项，须计算 $f(x) = \dfrac{\sin x}{x}$ 的 高阶导数；有

$$f(x) = \frac{\sin x}{x} = \int_0^1 \cos(xt)\,\mathrm{d}t$$

（2）故有 $\quad f^{(k)}(x) = \displaystyle\int_0^1 \frac{\mathrm{d}^k(\cos(xt))}{\mathrm{d}x^k}\mathrm{d}t = \int_0^1 t^k \cos\left(xt + \frac{k\pi}{2}\right)\mathrm{d}t$

（3）所以

$$|f^{(k)}(\eta)| \leqslant \max_{0 \leqslant x \leqslant 1} |f^{(k)}(x)| \leqslant \max \int_0^1 t^k \left|\cos\left(xt + \frac{k\pi}{2}\right)\right|\mathrm{d}t \leqslant \int_0^1 t^k \mathrm{d}t = \frac{1}{k+1}$$

（4）复合梯形 T_8 余项绝对值

$$|R_8(f)| = \left| -\frac{b-a}{12}h^2 f^{(k=2)}(\eta)\right| \leqslant \frac{1}{12}\left(\frac{1}{8}\right)^2 \frac{1}{2+1} = 0.000\,434$$

（5）复合辛普森 S_4 余项绝对值

$$|S_4(f)| = \left| -\frac{b-a}{180}\left(\frac{h}{2}\right)^4 f^{(k=4)}(\eta)\right| \leqslant \frac{1}{180}\left(\frac{1}{8}\right)^4 \frac{1}{4+1} = 0.271 \times 10^{-6}$$

复合辛普森余项小，精度更高。

例 4.6 计算积分 $I = \displaystyle\int_0^1 \mathrm{e}^x \mathrm{d}x$，若使用复合梯形公式，问区间 $[0,1]$ 要至少分成多少等份，使得误差不超过 0.5×10^{-5}；若使用复合辛普森公式，要达到同样精度，区间 $[0,1]$ 应分成多少等份？

解答： 本题仅须根据 T_n 和 S_n 的余项表达式即可求得截断误差应满足的精度；

$$f(x) = \mathrm{e}^x, \ f^{(2)}(x) = \mathrm{e}^x, \ f^{(4)}(x) = \mathrm{e}^x, \ b-a = 1$$

对于复合梯形公式

$$|R_n(f)| = \left| -\frac{b-a}{12}h^2 f^{(k=2)}(\eta)\right| = \frac{1}{12}\left(\frac{1}{n}\right)^2 \mathrm{e}^\eta \leqslant \frac{1}{12}\left(\frac{1}{n}\right)^2 \mathrm{e} \leqslant 0.5 \times 10^{-5}, \ \eta \in (0,1)$$

可得 $\qquad\qquad\qquad\qquad n \geqslant 212.85$

取 $n = 213$，即要计算 214 个函数值。

对于复合辛普森公式

$$\mid R_n(f)\mid = \left| -\frac{b-a}{180}\left(\frac{h}{2}\right)^4 f^{(4)}(\eta)\right| = \frac{1}{180}\left(\frac{1}{2n}\right)^4 e^{\eta} \leqslant \frac{1}{180}\left(\frac{1}{2n}\right)^4 e \leqslant 0.5\times10^{-5}$$

可得
$$n \geqslant 3.707$$

取 $n=4$,实际上区间需要分成 8 份、计算 9 个函数值。

4.5 高斯型求积公式

4.5.1 一般理论

机械求积一般形式:

$$\int_a^b f(x)\mathrm{d}x \approx \sum_{k=0}^{n} A_k f(x_k)$$

式中 x_k ——求积节点;

A_k ——求积系数,亦称伴随节点 x_k 的权。

权 A_k 仅与节点 x_k 的选取有关,而不依赖被积函数 $f(x)$ 的具体形式。

令
$$f(x)=1,\ x,\ x^2,\ \cdots,\ x^m$$

得方程

$$\begin{cases} \sum_{k=0}^{n} A_k = b-a \\[2mm] \sum_{k=0}^{n} A_k x_k = \frac{1}{2}(b^2-a^2) \\[2mm] \cdots\cdots \\[2mm] \sum_{k=0}^{n} A_k x_k^{\ m} = \frac{1}{m+1}(b^{m+1}-a^{m+1}) \end{cases}$$

如果对于
$$f(x)=1,\ x,\ x^2,\ \cdots,\ x^m$$

成立,对于
$$f(x)=x^{m+1}$$

不成立,则称积分公式具有 m 次代数精度。

机械求积可利用被积函数的插值形式表达为插值型积分公式,前提是先设定一组节点:

$$x_0,\ <x_1<\cdots<x_k<\cdots<x_n \in [a,b],$$

做拉格朗日插值
$$Ln(x) \approx f(x)$$

根据方程(4.7)，此时 $\{x_k, k=0, 1, \cdots, n\}$ 中 $n+1$ 个变量已知，只剩 $\{A_k, k=0,$ $1, \cdots, n\}$ $n+1$ 个变量。根据已学内容，插值型积分公式至少 n 次代数精度，即上公式中 $m=n$，正好构建 $n+1$ 个方程（$n+1$ 维线性方程组），可解出 $\{A_k, k=0, 1, \cdots, n\}$，获得积分公式的表达。

如果 $\{x_k, k=0, 1, \cdots, n\}$ 不事先设定，则有 $2n+2$ 个未知量，如果建立 $2n+2$ 维方程组并获得解，则须将代数精度提高至 $2n+1$（代数精度上限）。

例 4.7　对于求积公式

$$\int_{-1}^{1} f(x)\mathrm{d}x \approx A_0 f(x_0) + A_1 f(x_1)$$

试确定节点 x_0，x_1 和系数 A_0，A_1，并使其具有尽可能高的代数精度。

解答： $n=1$，令求积公式对于 $f(x)=1$，x，x^2，x^3 精确成立，则有

$$\begin{cases} A_0 + A_1 = 2 \\ A_0 x_0 + A_1 x_1 = 0 \\ A_0 x_0^2 + A_1 x_1^2 = \dfrac{2}{3} \\ A_0 x_0^3 + A_1 x_1^3 = 0 \end{cases}$$

解得

$$A_0 = A_1 = 1,\ x_0 = -\frac{\sqrt{3}}{3},\ x_1 = \frac{\sqrt{3}}{3}$$

$$\int_{-1}^{1} f(x)\mathrm{d}x \approx f\left(-\frac{\sqrt{3}}{3}\right) + f\left(\frac{\sqrt{3}}{3}\right)$$

令

$$f(x) = x^4$$

得

$$\int_{-1}^{1} f(x)\mathrm{d}x = \frac{2}{5} \neq \frac{2}{9} = f\left(-\frac{\sqrt{3}}{3}\right) + f\left(\frac{\sqrt{3}}{3}\right)$$

故代数精度为 $3=2\times n+1$。实际上，代数精度 $2n+1$ 已是上限。

如例 4.7 求积公式

$$\int_{-1}^{1} f(x)\mathrm{d}x \approx f\left(-\frac{\sqrt{3}}{3}\right) + f\left(\frac{\sqrt{3}}{3}\right)$$

代数精度为 3。

若取

$$x_0,\ x_1 \in [-1, 1]$$

令

$$f(x) = (x-x_0)^2 (x-x_1)^2$$

如能令积分公式两端相等，则具有 4 级代数精度（4 次多项式，3 次及以下已验证相等）；但实际上此时

$$\int_{-1}^{1} f(x)\mathrm{d}x > 0$$

而
$$f(x_0) + f(x_1) = 0 + 0 = 0$$

积分公式两端不等,不满足更高的 4 级代数精度。

对于具有 $n+1$ 个节点的积分公式,代数精度最高 $2n+1$。本节结合带权积分

$$I = \int_a^b \rho(x) f(x)\mathrm{d}x$$

阐述获得最高代数精度积分形式(高斯型积分公式)的理论。其中 $\rho(x)$ 称为权函数,通常事先给出。

4.5.2 求积公式

带权积分及其公式表达:

$$I = \int_a^b \rho(x) f(x)\mathrm{d}x \approx \sum_{k=0}^{n} A_k f(x_k) \tag{4.28}$$

式中,A_k 为不依赖于被积函数 $f(x)$ 的求积系数,x_k 为求积节点,可适当选取 x_k 和 A_k,使得积分公式代数精度达 $2n+1$。

定义 4.2 如果上述积分公式具备 $2n+1$ 次代数精度,则称适当选取的这些积分节点 x_k 为高斯点,相应的此积分公式称为高斯型求积公式。

预使积分公式具有 $2n+1$ 次代数精度,只要取

$$f(x) = x^m$$

对于
$$m = 0, 1, 2, \cdots, 2n+1$$

$$\int_a^b \rho(x) f(x)\mathrm{d}x = \sum_{k=0}^{n} A_k f(x_k) \tag{4.29}$$

能够准确成立。得

$$\sum_{k=0}^{n} A_k x_k^m = \int_a^b x^m \rho(x)\mathrm{d}x \quad (m = 0, 1, 2, \cdots, 2n+1) \tag{4.30}$$

当给定权函数后,则可根据此 $2n+2$ 阶方程组,解得 $\{x_k, k=0, 1, \cdots, n\}$ 和 $\{A_k, k=0, 1, \cdots, n\}$。

事实上,此方程组带有 x^m 项,当 m 取值最大 $2n+1$,且 $n>1$ 时,非线性方程组求其解是非常困难的。之前为了逃避此困难,选择事先确定节点

$$\{x_k, k=0, 1, \cdots, n\}$$

获得 $n+1$ 维关于 $\{A_k, k=0, 1, \cdots, n\}$ 的线性方程组,但代数精度为 n,损失了精度。

接下来,就是要讨论,如何选择

$$\{x_k, k=0, 1, \cdots, n\}$$

和
$$\{A_k,\, k=0,\, 1,\, \cdots,\, n\}$$

使得代数精度达到上限 $2n+1$。

设 $[a,\, b]$ 上的 $n+1$ 个节点
$$a \leqslant x_0 < x_1 < \cdots < x_n \leqslant b$$

$f(x)$ 的拉格朗日插值多项式为
$$L_n(x) = \sum_{k=0}^{n} f(x_k) l_k(x)$$

其中
$$l_k(x) = \prod_{j=0,\, j \neq k}^{n} \frac{x - x_j}{x_k - x_j}$$

则
$$f(x) = L_n(x) + R_n(x) = \sum_{k=0}^{n} f(x_k) l_k(x) + \frac{1}{(n+1)!} f^{(n+1)}(\xi) \omega_n(x),\ \xi \in (a,\, b)$$

将 $f(x)$ 代入式(4.29)

得
$$\int_a^b f(x) \rho(x) \mathrm{d}x = \int_a^b \left(\sum_{k=0}^{n} f(x_k) l_k(x) \rho(x) \right) \mathrm{d}x + \frac{1}{(n+1)!} \int_a^b f^{(n+1)}(\xi) \omega_n(x) \rho(x) \mathrm{d}x$$

因为和的积分等于积分之和,可得
$$\int_a^b f(x) \rho(x) \mathrm{d}x = \sum_{k=0}^{n} \int_a^b l_k(x) \rho(x) f(x_k) \mathrm{d}x + \frac{1}{(n+1)!} \int_a^b f^{(n+1)}(\xi) \omega_n(x) \rho(x) \mathrm{d}x$$

因为 $f(x_k)$ 为常数项,有
$$\begin{aligned} \int_a^b f(x) \rho(x) \mathrm{d}x &= \sum_{k=0}^{n} \left(\int_a^b l_k(x) \rho(x) \mathrm{d}x \right) f(x_k) + \\ &\quad \frac{1}{(n+1)!} \int_a^b f^{(n+1)}(\xi) \omega_n(x) \rho(x) \mathrm{d}x \\ &= \sum_{k=0}^{n} A_k f(x_k) + \frac{1}{(n+1)!} \int_a^b f^{(n+1)}(\xi) \omega_n(x) \rho(x) \mathrm{d}x \end{aligned} \tag{4.31}$$

其中
$$A_k = \int_a^b l_k(x) \rho(x) \mathrm{d}x \tag{4.32}$$

而
$$R(f) = \int_a^b R_n(x) \mathrm{d}x = \frac{1}{(n+1)!} \int_a^b f^{(n+1)}(\xi) \omega_n(x) \rho(x) \mathrm{d}x \tag{4.33}$$

由式(4.33)可知,
$$f(x) = 1,\, x,\, \cdots,\, x^n$$

时,有
$$R(f)=0$$

故求积公式已经至少具有 n 次代数精度。

由式(4.32)可知,在 $\rho(x)$ 事先确定前提下,A_k 的求得,取决于 $l_k(x)$,而

$$l_k(x)=\prod_{j=0,\,j\neq k}^{n}\frac{x-x_j}{x_k-x_j}$$

前提还是获得求积节点 $\{x_k,\,k=0,1,\cdots,n\}$。

预获得 $2n+1$ 次代数精度,即要求

$$f(x)=x^{n+1},\,x^{n+2},\,\cdots,\,x^{2n+1}$$

时有
$$R(f)=\frac{1}{(n+1)!}f^{(n+1)}(\xi)\omega_n(x)\rho(x)=0$$

即存在
$$p(x)=1,\,x,\,x^2,\,\cdots,\,x^n$$

使得
$$\int_a^b p(x)\omega_n(x)\rho(x)\mathrm{d}x=0$$

要求 $\omega_n(x)$ 与所有 $\{p(x)=1,\,x,\,x^2,\,\cdots,\,x^n\}$ 带权 $\rho(x)$ 在 $[a,b]$ 上正交。

即以求积节点 $\{x_k,\,k=0,1,\cdots,n\}$ 为零点的 $n+1$ 次多项式 $\omega_n(x)$ 是 $[a,b]$ 上带权 $\rho(x)$ 的正交多项式。由此可得以下定理。

定理 4.3 求积公式

$$\int_a^b \rho(x)f(x)\mathrm{d}x\approx\sum_{k=0}^{n}A_kf(x_k)$$

的求积节点
$$a\leqslant x_0<x_1<\cdots<x_n\leqslant b$$

是高斯点的充分必要条件是,以这些节点为零点的多项式

$$\omega_n(x)=(x-x_0)(x-x_1)\cdot\cdots\cdot(x-x_n)$$

与任何次数不超 n 的多项式 $p(x)$ 带权 $\rho(x)$ 正交,即

$$\int_a^b p(x)\omega_n(x)\rho(x)\mathrm{d}x=0$$

证明:(1)必要性(即证明 x_k 已知是高斯点,得 $\int_a^b p(x)\omega_n(x)\rho(x)\mathrm{d}x=0$)。

设 $p(x)$ 是 n 次多项式,则

$$f(x)=p(x)\omega_n(x)$$

是 $2n+1$ 次多项式。

如果 $x_0,x_1,\cdots,x_n$ 是高斯点,则根据高斯点的定义

$$f(x)=p(x)\omega_n(x)$$

这一 $2n+1$ 次多项式严格满足积分公式,即

$$\int_a^b p(x)\omega_n(x)\rho(x)\mathrm{d}x = \sum_{k=0}^n A_k p(x_k)\omega_n(x_k)$$

因

$$\omega_n(x_k) = 0$$

故

$$\int_a^b p(x)\omega_n(x)\rho(x)\mathrm{d}x = 0$$

必要性证毕。

(2) 充分性(即证明已知 $\int_a^b p(x)\omega_n(x)\rho(x)\mathrm{d}x = 0$,则 $\omega_n(x)$ 中的 x_k 为高斯点):

设 $f(x)$ 是 $2n+1$ 次多项式,记 $f(x)$ 除以 $\omega_n(x)$ 的商为 $p(x)$,余式为 $q(x)$,

则

$$f(x) = p(x)\omega_n(x) + q(x)$$

其中 $p(x)$ 和 $q(x)$ 都是 n 次多项式。则

$$\int_a^b f(x)\rho(x)\mathrm{d}x = \int_a^b p(x)\omega_n(x)\rho(x)\mathrm{d}x + \int_a^b q(x)\rho(x)\mathrm{d}x$$

因为

$$\int_a^b p(x)\omega_n(x)\rho(x)\mathrm{d}x = 0$$

所以

$$\int_a^b f(x)\rho(x)\mathrm{d}x = \int_a^b q(x)\rho(x)\mathrm{d}x$$

对于插值型求积公式,被插函数 $q(x)$ 为 n 次多项式,则严格满足下式:

$$\int_a^b q(x)\rho(x)\mathrm{d}x = \sum_{k=0}^n A_k q(x_k)$$

返回到 $f(x)$,$q(x)$ 的定义,有

$$f(x) = p(x)\omega_n(x) + q(x)$$

则有

$$f(x_k) = p(x_k)\omega_n(x_k) + q(x_k) = q(x_k)$$

则

$$\int_a^b f(x)\rho(x)\mathrm{d}x = \int_a^b q(x)\rho(x)\mathrm{d}x = \sum_{k=0}^n A_k q(x_k) = \sum_{k=0}^n A_k f(x_k)$$

x_k 的选取使上积分公式对于不超过 $2n+1$ 次的多项式严格成立,x_k 为高斯点。

定理 4.3 表明:以

$$a \leqslant x_0 < x_1 < \cdots < x_n \leqslant b$$

为零点的多项式 $\quad \omega_n(x) = (x-x_0)(x-x_1)\cdot\cdots\cdot(x-x_n)$

与任何次数不超 n 的多项式 $p(x)$ 带权 $\rho(x)$ 正交,即

$$\int_a^b p(x)\omega_n(x)\rho(x)\mathrm{d}x = 0$$

则 $x_0 < x_1 < \cdots < x_n$ 为高斯点。

由此,在 $\rho(x)$ 已知前提下:

第一步,通过

$$\int_a^b p(x)\omega_n(x)\rho(x)\mathrm{d}x = 0$$

$$p(x) = 1, x, \cdots, x^n$$

获得求积节点 $\qquad x_0 < x_1 < \cdots < x_n$

第二步,对求积公式

$$\int_a^b \rho(x)f(x)\mathrm{d}x \approx \sum_{k=0}^n A_k f(x_k)$$

代入 $\qquad f(x) = x^m \quad (m = 0, 1, \cdots, n)$

令求积公式严格成立,即解 $n+1$ 维线性方程组,获得 A_0,A_1,$\cdots$,A_n;最终,获得求积公式 $\sum_{k=0}^n A_k f(x_k)$。

关于高斯型求积公式的收敛性,前章节提及:牛顿-柯特斯求积,当 n 增加时,求积公式不稳定,故可采用复合求积或高斯求积的方法;而求积公式要稳定,前提是求积系数 A_k 均为正数。此处有定理如下。

定理 4.4 高斯型求积公式

$$\int_a^b \rho(x)f(x)\mathrm{d}x \approx \sum_{k=0}^n A_k f(x_k)$$

系数 A_k 均为正,则高斯求积是收敛的。

证明:考查拉格朗日插值基函数

$$l_k(x) = \prod_{j=0, j \neq k}^n \frac{x - x}{x_k - x_j}$$

为 n 次多项式。

则 $l_k^2(x)$ 为 $2n$ 次多项式,故高斯积分公式对其恒成立,即

$$\int_a^b l_k^2(x)\rho(x)\mathrm{d}x = \sum_{i=0}^n A_i l_k^2(x_i)$$

注:x_i 为针对 $l_k^2(x)$ 的高斯节点,i 与 k 区分。

权函数积分恒大于零,则

$$\int_a^b l_k^2(x)\rho(x)\mathrm{d}x > 0$$

即

$$\sum_{i=0}^n A_i l_k^2(x_i) > 0$$

当 $i = k$ 时，

$$l_k^2(x_k) = 1$$

当 $i \neq k$ 时，

$$l_k^2(x_i) = 0$$

则

$$\sum_{i=0}^{n} A_i l_k^2(x_i) = A_k > 0$$

4.5.3　常见高斯型求积公式

1) 高斯-勒让德求积公式

对于权函数 $\rho(x) = 1$，区间定义为 $[-1, 1]$，高斯型求积公式表达为

$$\int_{-1}^{1} f(x) \mathrm{d}x \approx \sum_{k=0}^{n} A_k f(x_k) \tag{4.34}$$

称为高斯-勒让德求积公式。

高斯-勒让德多项式是区间 $[-1, 1]$ 上的正交多项式，故其零点就是高斯-勒让德求积公式的高斯点。

高斯-勒让德多项式是函数逼近中的内容，故直接给出低阶时公式及节点、系数，见表 4.4。

表 4.4　高斯-勒让德求积公式系数

n	x_k	A_k	n	x_k	A_k
0	0.000 000 0	2.000 000 0	3	$\pm 0.861\ 136\ 3$ $\pm 0.339\ 981\ 0$	0.347 854 8 0.652 145 2
1	$\pm 0.577\ 350\ 3$	1.000 000 0	4	$\pm 0.906\ 179\ 8$ $\pm 0.538\ 469\ 3$ 0.000 000 0	0.236 926 9 0.478 628 7 0.568 888 9
2	$\pm 0.774\ 596\ 7$ 0.000 000 0	0.555 555 6 0.888 888 9	5	$\pm 0.932\ 469\ 5$ $\pm 0.661\ 209\ 4$ $\pm 0.238\ 619\ 2$	0.171 324 5 0.360 761 6 0.467 913 9

其中

$$n = 1 \text{ 时}, \int_{-1}^{1} f(x) \mathrm{d}x \approx f\left(-\frac{\sqrt{3}}{3}\right) + f\left(\frac{\sqrt{3}}{3}\right)$$

$$n = 2 \text{ 时}, \int_{-1}^{1} f(x) \mathrm{d}x \approx \frac{5}{9} f\left(-\frac{\sqrt{15}}{5}\right) + \frac{8}{9} f(0) + \frac{5}{9} f\left(\frac{\sqrt{15}}{5}\right)$$

例 4.8 用 4 点($n=3$)的高斯-勒让德求积公式计算 $\int_0^{\frac{\pi}{2}} x^2 \cos x \, dx$。

解答: 将区间$[0, \pi/2]$化为$[-1, 1]$,有

$$x = \frac{\pi}{4}(1+t)$$

$$I = \int_0^{\frac{\pi}{2}} x^2 \cos x \, dx = \int_{-1}^{1} \left(\frac{\pi}{4}\right)^2 (1+t)^2 \cos \frac{\pi}{4}(1+t) \, dt$$

查取表中节点 n 为 3 的系数 x_k 和 A_k:

$$x_k = \pm 0.861\,136\,3, \quad A_k = 0.347\,854\,8; x_k = \pm 0.339\,981\,0, \quad A_k = 0.652\,145\,2$$

得

$$I = \sum_{k=0}^{3} A_k f(x_k) = 0.467\,402$$

2) 高斯-切比雪夫求积公式

对于权函数 $\rho(x) = \dfrac{1}{\sqrt{1-x^2}}$,区间定义为$[-1, 1]$,高斯型求积公式表达为

$$\int_{-1}^{1} \frac{f(x)}{\sqrt{1-x^2}} dx \approx \sum_{k=0}^{n} A_k f(x_k) \tag{4.35}$$

称为高斯-切比雪夫求积公式。

原因在于区间$[-1, 1]$上关于权函数 $\dfrac{1}{\sqrt{1-x^2}}$ 的正交多项式是切比雪夫多项式。

节点

$$x_k = \cos\left(\frac{2k+1}{2n+2}\pi\right) \quad (k = 0, 1, \cdots, n)$$

系数

$$A_k = \frac{\pi}{n+1}$$

方便起见,可少取一节点,$A_k = \dfrac{\pi}{n}$。

于是高斯-切比雪夫公式为

$$\int_{-1}^{1} \frac{f(x)}{\sqrt{1-x^2}} dx \approx \frac{\pi}{n} \sum_{k=1}^{n} f(x_k) \tag{4.36}$$

3) 高斯-拉盖尔求积公式

对于权函数 $\rho(x) = e^{-x}$,区间定义为$[0, \infty]$,高斯型求积公式表达为

$$\int_{-1}^{1} e^{-x} f(x) dx \approx \sum_{k=0}^{n} A_k f(x_k) \tag{4.37}$$

称为高斯-拉盖尔求积公式。

拉盖尔多项式

$$L_n(x) = e^x \frac{d^n(x^n e^{-x})}{dx^n}$$

高斯点 x_k 为拉盖尔多项式零点,系数

$$A_k = \frac{[(n+1)!]^2}{[L_n(x_k)]^2}$$

4) 高斯-埃尔米特求积公式

对于权函数 $\rho(x) = e^{-x^2}$,区间定义为 $[-\infty, +\infty]$,高斯型求积公式表达为

$$\int_{-1}^{1} e^{-x^2} f(x) dx \approx \sum_{k=0}^{n} A_k f(x_k)$$

称为高斯-埃尔米特求积公式。

埃尔米特多项式　　　　$H_n(x) = (-1)^n e^{x^2} \frac{d^n(e^{-x^2})}{dx^n}$

高斯点 x_k 为其零点,系数

$$A_k = 2^{n+1}(n+1)! \frac{\sqrt{\pi}}{[H'_{n+1}(x_k)]^2}$$

例 4.9　根据高斯求积公式的一般步骤,确定求积公式 $\int_0^1 \sqrt{x} f(x) dx \approx A_0 f(x_0) + A_1 f(x_1)$ 的节点 x_0,x_1 和系数 A_0,A_1,使其具有最高代数精度。

解答: 节点为关于权函数 $\rho(x) = \sqrt{x}$ 的正交多项式的零点 x_0,x_1。 设

$$\omega_n(x) = (x - x_0)(x - x_1)$$

因 $n=1$,则 $\omega_n(x)$ 与 1 和 x 关于权函数 $\sqrt{x}$ 正交,则有

$$\int_0^1 \sqrt{x} \omega_n(x) dx = 0, \int_0^1 \sqrt{x} x \omega_n(x) dx = 0$$

求得　　　　　　　　$x_0 = 0.289\,949, \quad x_1 = 0.821\,162$

因求积公式具有 $2n+1=3$ 次代数精度,故公式对于

$$f(x) = x^m, \quad m = 0, \cdots, n \quad (n=1)$$

精确成立。由

$$f(x) = 1, A_0 + A_1 = \int_0^1 \sqrt{x} dx = \frac{2}{3}; f(x) = x, A_0 x_0 + A_1 x_1 = \int_0^1 \sqrt{x} x dx = \frac{2}{3}$$

解得 $\qquad A_0 = 0.277\ 556, \quad A_1 = 0.389\ 111$

4.6 龙贝格求积公式

4.6.1 梯形求积公式的递推化

复合求积公式可提高求积精度,实际计算时,原区间 $[a, b]$ 划分为 n 等份,$n+1$ 个节点;若精度还不够,可进一步分半,区间划分为 $2n$ 等份,节点变为 $2n+1$ 个;如果精度还不够,可再进一步分半,以此类推。

此处以复合梯形公式为例:任一区间 $[x_k, x_{k+1}]$ 上梯形求积:

$$T = \frac{h}{2}(f(x_k) + f(x_{k+1}))$$

n 个区间上复合梯形求积:

$$T_n = \frac{h}{2}\sum_{k=0}^{n-1}[f(x_k) + f(x_{k+1})]$$

若这样的精度不够,则在每个区间 $[x_k, x_{k+1}]$ 上再取其中点:

$$x_{k+1/2} = \frac{x_k + x_{k+1}}{2}$$

则任一区间 $[x_k, x_{k+1}]$ 上梯形求积:

$$T = \frac{h}{4}(f(x_k) + f(x_{k+1/2})) + \frac{h}{4}(f(x_{k+1/2}) + f(x_{k+1}))$$
$$= \frac{h}{4}[f(x_k) + 2f(x_{k+1/2}) + f(x_{k+1})]$$

原 n 个区间上的复合梯形求积:

$$T_{2n} = \frac{h}{4}\sum_{k=0}^{n-1}[f(x_k) + f(x_{k+1})] + \frac{h}{2}\sum_{k=0}^{n-1}f(x_{k+1/2}) \tag{4.38}$$

由 $\qquad T_n = \frac{h}{2}\sum_{k=0}^{n-1}[f(x_k) + f(x_{k+1})]$

及 $\qquad T_{2n} = \frac{h}{4}\sum_{k=0}^{n-1}[f(x_k) + f(x_{k+1})] + \frac{h}{2}\sum_{k=0}^{n-1}f(x_{k+1/2})$

可得 $\qquad T_{2n} = \frac{1}{2}T_n + \frac{h}{2}\sum_{k=0}^{n-1}f(x_{k+1/2}) \tag{4.39}$

式(4.39)即梯形求积公式的递推化。

可见,在已经计算 n 区间 $n+1$ 节点复合积分 T_n 前提下,若发现精度不够,则二分各子区间,不用重新计算各节点函数值,可利用原 n 区间 $n+1$ 节点积分值,加上新设二分节点函数值即可。

例 4.10　求积分值 $I = \int_0^1 \dfrac{\sin x}{x} \mathrm{d}x$。快速求出 T_1,T_2 和 T_4(保留 7 位有效数字,T_1 区间 $[0, 1]$)。

解答:先对区间 $[0, 1]$ 应用梯形公式:

$$f(0) = 1$$
$$f(1) = 0.841\,470\,9$$

得
$$T_1 = \frac{1}{2}\left[f(0) + f(1)\right] = 0.920\,735\,5$$

区间 2 等份,中点函数值
$$f\left(\frac{1}{2}\right) = 0.958\,851\,0$$

利用递推公式
$$T_{2n} = \frac{1}{2}T_n + \frac{h}{2}\sum_{k=0}^{n-1} f(x_{k+1/2})$$

得
$$T_2 = \frac{1}{2}T_1 + \frac{h}{2}\sum_{k=0}^{n-1} f(x_{k+1/2}) = 0.939\,793\,3$$

$$(h = 1,\ n = 1)$$

进一步 2 分区间,中点变为两个:

$$f\left(\frac{1}{4}\right) = 0.989\,615\,8,\ f\left(\frac{3}{4}\right) = 0.908\,851\,6$$

得　$T_4 = \dfrac{1}{2}T_2 + \dfrac{\frac{1}{2}}{2}\sum_{k=0}^{2-1} f(x_{k+\frac{1}{2}}) = \dfrac{1}{2}T_2 + \dfrac{1}{4}\left[f\left(\dfrac{1}{4}\right) + f\left(\dfrac{3}{4}\right)\right] = 0.944\,513\,5$

$$\left(h = \frac{1}{2},\ n = 1 \times 2\right)$$

表 4.5 给出了不同二分次数 k 下的积分结果。由表可见,复合公式积分计算达到 7 位有效数字的精度,需要二分 10 次,计算了 $2^0 + 2^1 + \cdots + 2^9 = 1\,025$ 个节点值。每二分一次,就需要多计算 2^{k-1} 个值。

表 4.5　不同二分次数 k 下的积分结果

k	1	2	3	4	5
T_n	0.939 793 3	0.944 513 5	0.945 690 9	0.945 985 0	0.946 059 6
k	6	7	8	9	10
T_n	0.946 076 9	0.946 081 5	0.946 082 7	0.946 083 0	0.946 083 1

注:此处 k 代表二分次数,$n = 2^k$。

4.6.2 递推化的技巧

如果说 4.6.1 节的递推方式是"内推",则本节结合"外推",以获得更快的计算速度。

以复合梯形求积为例,将区间 $[a, b]$ 逐次二分可提高求积精度,$[a, b]$ 分为 n 等份时,其余项

$$R_n(f) = I - T_n = -\frac{b-a}{12}h^2 f''(\eta), \quad \eta \in [a, b], \quad h = \frac{b-a}{n}$$

记

$$T_n = T(h)$$

则

$$T(h) = I + \frac{b-a}{12}h^2 f''(\eta)$$

$\eta \in [a, b]$ 未知,设准确值为 η^*;$f(\eta)$ 逼近 $f(\eta^*)$,利用泰勒(偶次幂)展开,得

$$f(\eta) = \frac{f(\eta^*)}{0!} + \frac{f''(\eta^*)}{2!}(\eta - \eta^*)^2 + \frac{f^{(4)}(\eta^*)}{2!}(\eta - \eta^*)^4 + \cdots$$
$$(\eta \in [a, b], \eta = a + \varepsilon h) \quad (4.40)$$

ε 为任意实数,将区间 $[a, b]$ 无限划分。将

$$\eta = a + \varepsilon h$$

代入式(4.40),得

$$f(\eta) = \alpha_0' + \alpha_1' h^2 + \alpha_2' h^4 + \cdots$$

则

$$f''(\eta) = 0 + \alpha_1'' + \alpha_2'' h^2 + \cdots$$

$$T(h) = I + \frac{b-a}{12}h^2(0 + \alpha_1'' + \alpha_2'' h^2 + \cdots)$$
$$= I + \alpha_1 h^2 + \alpha_2 h^4 + \cdots + \alpha_l h^{2l} + \cdots$$

其中

$$\alpha_1 h^2 + \alpha_2 h^4 + \cdots + \alpha_l h^{2l} + \cdots$$

为余项,$\alpha_l (l = 1, 2, \cdots)$ 与 h 无关,则

$$T_n = T(h) = I + \alpha_1 h^2 + \alpha_2 h^4 + \cdots + \alpha_l h^{2l} + \cdots \quad (4.41)$$

复合梯形公式为 h^2 阶精度。

进行第一次二分:

$$T_{2n} = T(h/2) = I + \alpha_1 \left(\frac{h}{2}\right)^2 + \alpha_2 \left(\frac{h}{2}\right)^4 + \cdots + \alpha_l \left(\frac{h}{2}\right)^{2l} + \cdots \quad (4.42)$$

虽然二分后精度有所提高,但精度等级还是 h^2,且增加计算量。

若不继续二分,而是将式(4.42)的 4 倍减去式(4.41),再除以 3,获得

$$S_n = S(h) = \frac{4T\left(\dfrac{h}{2}\right) - T(h)}{3} = I + \beta_1 h^4 + \beta_2 h^6 + \cdots \tag{4.43}$$

用 S_n 取代了 T_{4n}，精度变为 h^4 阶，同样提高精度，但不增加节点计算。

注：可以理解为此步将内推改为外推。即

$$S_n = \frac{4T_{2n} - T_n}{3}$$

又

$$T_{2n} = \frac{1}{2} T_n + \frac{h}{2} \sum_{k=0}^{n-1} f(x_{k+\frac{1}{2}})$$

则

$$S_n = \frac{T_n + 2h \sum_{k=0}^{n-1} f(x_{k+\frac{1}{2}})}{3} = \frac{\dfrac{h}{2} \sum_{k=0}^{n-1} [f(x_k) + f(x_{k+1})] + 2h \sum_{k=0}^{n-1} f(x_{k+\frac{1}{2}})}{3}$$

$$= \frac{h}{6} \sum_{k=0}^{n-1} [f(x_k) + 4f(x_{k+\frac{1}{2}}) + f(x_{k+1})]$$

即为区间 $[a, b]$ 上 n 等份复合辛普森求积公式。

如上所示，采用 $T_n \rightarrow T_{2n} \rightarrow S_n$，此种计算积分 I 近似值时，将误差从 $o(h^2)$ 到 $o(h^4)$ 的方法称为外推方法，也称理查森（Richardson）外推算法。

以此类推：

$$S_n = S(h) = I + \beta_1 h^4 + \beta_2 h^6 + \cdots$$

$$S(h/2) = I + \beta_1 \left(\frac{h}{2}\right)^4 + \beta_2 \left(\frac{h}{2}\right)^6 + \cdots$$

用上第二式的 16 倍，减去第一式，再除以 15 得

$$C_n = C(h) = \frac{16S(h/2) - S(h)}{15} = I + \gamma_1 h^6 + \gamma_2 h^8 + \cdots \tag{4.44}$$

这就是区间 $[a, b]$ 分为 n 等份的复合柯特斯求积公式，精度等级 $o(h^6)$。

继续下去：

$$R_n = R(h) = \frac{1}{63} \left[64C\left(\frac{h}{2}\right) - C(h) \right] \tag{4.45}$$

精度等级 $o(h^8)$。

再继续下去，可得到龙贝格（Romberg）算法。

4.6.3 龙贝格算法

将之前一系列外推过程，整理成统一形式。重新引入记号：

$$T_0(h) = T(h), \quad T_1(h) = S(h), \quad T_2(h) = C(h), \quad T_3(h) = R(h) \cdots$$

则统一形式:

$$T_m(h) = \frac{4^m}{4^m - 1} T_{m-1}\left(\frac{h}{2}\right) - \frac{1}{4^m - 1} T_{m-1}(h) \tag{4.46}$$

经过 $m(m = 1, 2, \cdots)$ 次加速后,余项变为

$$T_m(h) = I + \delta_1 h^{2(m+1)} + \delta_2 h^{2(m+2)} + \cdots$$

即,理查森外推加速方法:

如已知 $[a, b]$ 区间 n 次等分复合梯形 $T_0(h)$,

1 次加速

$$T_1(h) = S(h) = \frac{4}{4-1} T_0\left(\frac{h}{2}\right) - \frac{1}{4-1} T_0(h) = \frac{4T\left(\frac{h}{2}\right) - T(h)}{3}$$

2 次加速

$$T_2(h) = C(h) = \frac{16}{16-1} T_1\left(\frac{h}{2}\right) - \frac{1}{16-1} T_1(h) = \frac{16S\left(\frac{h}{2}\right) - S(h)}{15}$$

如果新符号记 $T_0^{(k)}$ 为复合梯形的第 k 次二分新积分,则类推下去,$T_m^{(k)}$ 为后续复合辛普森,复合柯特斯等的第 k 次二分新积分,则参照上式,有

$$T_m^{(k)} = \frac{4^m}{4^m - 1} T_{m-1}^{(k+1)} - \frac{1}{4^m - 1} T_{m-1}^{(k)} \tag{4.47}$$

其计算见表 4.6。

表 4.6　龙贝格算法 T 表

k	h	$T_0^{(k)}$	$T_1^{(k)}$	$T_2^{(k)}$	$T_3^{(k)}$	$T_4^{(k)}$	$\cdots$
0	$\dfrac{b-a}{1}$	$T_0^{(0)}$					
1	$\dfrac{b-a}{2}$	$T_0^{(1)}$	$T_1^{(0)}$				
2	$\dfrac{b-a}{4}$	$T_0^{(2)}$	$T_1^{(1)}$	$T_2^{(0)}$			
3	$\dfrac{b-a}{8}$	$T_0^{(3)}$	$T_1^{(2)}$	$T_2^{(1)}$	$T_3^{(0)}$		
4	$\dfrac{b-a}{16}$	$T_0^{(4)}$	$T_1^{(3)}$	$T_2^{(2)}$	$T_3^{(1)}$	$T_4^{(0)}$	
$\cdots$	$\cdots$	$\cdots$	$\cdots$	$\cdots$	$\cdots$	$\cdots$	$\cdots$

即在使用过程中,如表 4.7 中箭头所示。

(1) 作梯形的逐次二分(内推),利用

$$h = \frac{b-a}{2^k}$$

及二分计算

$$T_0^{(k)} = \frac{1}{2} T_0^{(k-1)} + \frac{h}{2} \sum_{j=0}^{n-1} f(x_{j+\frac{1}{2}})$$

（2）结合向右加速加精度外推（不增加节点计算），利用龙贝格算法：

$$T_m^{(k)} = \frac{4^m}{4^m-1} T_{m-1}^{(k+1)} - \frac{1}{4^m-1} T_{m-1}^{(k)}$$

表 4.7　龙贝格算法 *T* 表使用次序示意

k	h	$T_0^{(k)}$	$T_1^{(k)}$	$T_2^{(k)}$	$T_3^{(k)}$	$T_4^{(k)}$	...
0	$\frac{b-a}{1}$	$T_0^{(0)}$					
1	$\frac{b-a}{2}$	$T_0^{(1)}$	$T_1^{(0)}$				
2	$\frac{b-a}{4}$	$T_0^{(2)}$	$T_1^{(1)}$	$T_2^{(0)}$			
3	$\frac{b-a}{8}$	$T_0^{(3)}$	$T_1^{(2)}$	$T_2^{(1)}$	$T_3^{(0)}$		
4	$\frac{b-a}{16}$	$T_0^{(4)}$	$T_1^{(3)}$	$T_2^{(2)}$	$T_3^{(1)}$	$T_4^{(0)}$	
...	...	...	...	...	...	...	...

例 4.11　用龙贝格算法计算积分 $I = \int_0^1 x^{\frac{3}{2}} \mathrm{d}x$（准确值 0.4）。

解答： 计算结果见表 4.8。此题最终结果表明，辛普森二分 5 次和 $m=5$ 的龙贝格精度相当。但实际过程中，龙贝格算法（理查森外推）相比复合梯形/辛普森/柯特斯内推，体现出收敛速度和精度的优势。

表 4.8　例 4.11 计算结果

k	$T_0^{(k)}$	$T_1^{(k)}$	$T_2^{(k)}$	$T_3^{(k)}$	$T_4^{(k)}$	$T_5^{(k)}$
0	0.500 000					
1	0.426 777	0.402 369				
2	0.407 018	0.400 432	0.400 302			
3	0.401 812	0.400 077	0.400 054	0.400 050		
4	0.400 463	0.400 014	0.400 009	0.400 009	0.400 009	
5	0.400 118	0.400 002	0.400 002	0.400 002	0.400 002	0.400 002

4.7　多重积分的数值积分

之前章节所学插值积分、复合积分以及高斯积分，均可用于多重积分。

考虑积分上下限为常数的二重积分 $\iint\limits_R f(x, y)\mathrm{d}A$，其为曲面 $z = f(x, y)$ 与平面 R

围成的体积。

矩形区域:

$$R = \{(x, y) \mid a \leqslant x \leqslant b, c \leqslant y \leqslant d\}$$

将其写成累次积分:

$$\iint\limits_{R} f(x, y)\mathrm{d}A = \int_a^b \left(\int_c^d f(x, y)\mathrm{d}y \right) \mathrm{d}x$$

可将区间$[a, b]$和$[c, d]$分别分为N, M等份,有

$$h = \frac{b-a}{N}, k = \frac{d-c}{M}$$

使用复合辛普森积分,先求

$$\int_c^d f(x, y)\mathrm{d}y \approx \frac{k}{6} \left[f(x, y_0) + 4\sum_{i=0}^{M-1} f(x, y_{i+\frac{1}{2}}) + 2\sum_{i=1}^{M-1} f(x, y_i) + f(x, y_M) \right]$$

从而

$$\iint\limits_{R} f(x, y)\mathrm{d}A \approx \frac{k}{6} \left[\int_a^b f(x, y_0)\mathrm{d}x + 4\int_a^b \sum_{i=0}^{M-1} f(x + y_{i+\frac{1}{2}})\,\mathrm{d}x + \right.$$
$$\left. 2\int_a^b \sum_{i=1}^{M-1} f(x, y_i)\mathrm{d}x + \int_a^b f(x, y_M)\mathrm{d}x \right]$$

再次使用复合辛普森积分即可。

例 4.12　用复合辛普森公式求二重积分:$\int_{1.4}^2 \int_{1.0}^{1.5} \ln(x + 2y)\mathrm{d}y\mathrm{d}x$。取 $N = 2, M = 1$,精确到 8 位有效数字。

解答:取 $N = 2, M = 1$,则 $h = 0.3, k = 0.5$,得

$$\int_{1.4}^2 \int_{1.0}^{1.5} \ln(x + 2y)\mathrm{d}y\mathrm{d}x \approx \frac{k}{6} \left[\int_{1.4}^2 \ln(x + 2)\mathrm{d}x + 4\int_{1.4}^2 \ln(x + 2.5)\mathrm{d}x + \right.$$
$$\left. \int_{1.4}^2 \ln(x + 3)\mathrm{d}x \right]$$
$$= 0.429\ 552\ 44$$

例 4.13　使用 $n = 2$ 的高斯-勒让德求积,求二重积分 $\int_{1.4}^2 \int_{1.0}^{1.5} \ln(x + 2y)\mathrm{d}y\mathrm{d}x$。

解答:

$$x \in (1.4, 2); y \in (1.0, 1.5)$$
$$x = 0.3u + 1.7; y = 0.25v + 1.25$$
$$u \in (-1, 1); v \in (-1, 1)$$
$$\int_{-1}^1 f(x)\mathrm{d}x \approx \sum_{k=0}^n A_k f(x_k)$$

查表 4.4,得计算结果。

4.8　数值微分及其外推方法

4.8.1　中点方法与误差分析

定义 4.3　数值微分就是利用被微函数值的线性组合近似函数在某点的导数值。按照导数的定义,可以简单地使用差商近似导数,则有如下几种常见形式。

数值微分形式:

$$\begin{cases} f'(a) \approx \dfrac{f(a+h)-f(a)}{h} \\[2mm] f'(a) \approx \dfrac{f(a)-f(a-h)}{h} \\[2mm] f'(a) \approx \dfrac{f(a+h)-f(a-h)}{2h} \end{cases}$$

其中,h 为一微小增量,称为步长。

最后一种方法就是中点方法,看起来仅仅是前两种方法的算术平均,但其误差阶从 $o(h)$ 提升至 $o(h^2)$。

预使用中点公式计算导数 $f'(a)$ 的近似值,即

$$G(a) = \frac{f(a+h)-f(a-h)}{2h} \approx f'(a)$$

需要选择合适的步长 h,可通过误差分析来获得。

分别将 $f(a \pm h)$ 在 $x = a$ 处作泰勒展开,有

$$f(a \pm h) = f(a) + \frac{f'(a)}{1!}(a \pm h - a) + \frac{f''(a)}{2!}(a \pm h - a)^2 + \cdots +$$

$$\frac{f^{(n)}(a)}{n!}(a \pm h - a)^n + \cdots$$

$$= f(a) \pm h f'(a) + \frac{h^2}{2!}f''(a) \pm \frac{h^3}{3!}f^{(3)}(a) + \cdots$$

由上式可得

$$G(a) = \frac{f(a+h)-f(a-h)}{2h} = f'(a) + \frac{h^2}{3!}f^{(3)}(a) + \frac{h^4}{5!}f^{(5)}(a) + \cdots \quad (4.48)$$

可见中点方法的误差阶为 $o(h^2)$,从截断误差角度看,h 越小计算越准。

截断误差

$$|G(a) - f'(a)| = \left| \frac{h^2}{3!} f^{(3)}(a) + \frac{h^4}{5!} f^{(5)}(a) + \cdots \right|$$

假设 $\frac{h^4}{5!} f^{(5)}(a) + \cdots$ 相比 $\frac{h^2}{3!} f^{(3)}(a)$ 无穷小,且 $M \geqslant \max\limits_{|x-a| \leqslant h} |f^{(3)}(x)|$,则

$$|G(a) - f'(a)| \leqslant \frac{h^2}{6} M$$

另外,从舍入误差考虑,按中点公式计算,h 很小时,$f(a+h)$ 与 $f(a-h)$ 十分接近,直接相减会造成有效数字的严重损失,故从摄入误差来看,步长 h 不宜过小。

例 4.14 使用中点公式计算 $f(x) = \sqrt{x}$ 在 $x = 2$ 处的一阶导数值(准确值:0.353 553)。

解答:
$$G(h) = \frac{\sqrt{2+h} - \sqrt{2-h}}{2h}$$

取 4 位有效数字,取不同 h 做比较,结果见表 4.9。

表 4.9　例 4.14 计算结果比较

h	$G(h)$	h	$G(h)$	h	$G(h)$
1	0.366 0	0.05	0.353 0	0.001	0.350 0
0.5	0.356 4	0.01	0.350 0	0.000 5	0.300 0
0.1	0.353 5	0.005	0.350 0	0.000 1	0.300 0

由表中数据可见,初始阶段,伴随步长 h 的减小,逼近效果渐佳;从 $h = 0.1$ 往后,进一步减小步长,逼近效果反而变差。

原因即在于计算 $(a+h)$ 与 $f(a-h)$ 分别产生舍入误差 ε_1 和 ε_2。若令

$$\varepsilon = \max\{|\varepsilon_1|, |\varepsilon_2|\}$$

则获得舍入误差上界限:

$$\delta(f'(a)) \leqslant \frac{|\delta(f(a+h))| + |\delta(f(a-h))|}{2h} = \frac{|\varepsilon_1| + |\varepsilon_2|}{2h} \leqslant \frac{\varepsilon}{h}$$

它表明 h 越小,舍入误差越大。

由此,利用中点公式近似计算导数值,其误差为截断误差和舍入误差之和,即

$$E(h) = \frac{h^2}{6} M + \frac{\varepsilon}{h} \tag{4.49}$$

关系式右端一个增函数一个减函数,求其极值,令

$$E'(h) = 0$$

得
$$h = \sqrt[3]{3\varepsilon / M}$$

为误差最小点(数值验证略)。

4.8.2　插值型的求导公式

运用插值原理,可建立插值函数 $P_n(x)$ 作为 $f(x)$ 的近似,即

$$P_n(x) \approx f(x)$$

由于求多项式的导数相对简单,故取 $P'_n(x)$ 作为 $f'(x)$ 的近似,即

$$P'_n(x) \approx f'(x)$$

称为插值型的求导公式。

须指出,即使 $f(x)$ 与 $P_n(x)$ 的值差不多,其导数值 $f'(x)$ 和 $P'_n(x)$ 仍然可能差别很大,因而在使用插值型求导公式时,同样须作误差分析。

插值多项式余项

$$R_n(x) = f(x) - P_n(x) = \frac{f^{(n+1)}(\xi)}{(n+1)!} \omega_n(x)$$

则导数近似的余项为

$$R'_n(x) = \left(\frac{f^{(n+1)}(\xi)}{(n+1)!} \omega_n(x) \right)' = \frac{f^{(n+1)}(\xi)}{(n+1)!} \omega'_n(x) + \frac{\omega_n(x)}{(n+1)!} \frac{\mathrm{d}}{\mathrm{d}x} f^{(n+1)}(\xi(x))$$

$$(4.50)$$

其中

$$\omega_n(x) = \prod_{k=0}^{n} (x - x_k)$$

式(4.50)第二项

$$\frac{\omega_n(x)}{(n+1)!} \frac{\mathrm{d}}{\mathrm{d}x} f^{(n+1)}(\xi(x))$$

中的 ξ 是关于 x 的未知函数,无法对其做出进一步说明,因此无法对插值求导公式中的任意 x 处导数值的误差做出说明。

但节点 x_k 处可以,此时第二项为零。导数余项为

$$P'_n(x_k) - f'(x_k) = \frac{f^{(n+1)}(\xi)}{(n+1)!} \omega'_n(x_k)$$

$$(4.51)$$

接下来仅考虑节点处的导数值,为简化起见,假定所给节点为等距。

1) 两点公式

求两点处 $f(x_k)$ 导数,以此两点 $(x_0, f(x_0))$, $(x_1, f(x_1))$ 作线性插值,得

$$P_1(x) = \frac{x - x_1}{x_0 - x_1} f(x_0) + \frac{x - x_0}{x_1 - x_0} f(x_1)$$

$$(4.52)$$

设步长为 h，则 $x_1 = x_0 + h$。那么

$$P'_1(x) = \frac{1}{h}[-f(x_0) + f(x_1)] = \frac{f(x_0 + h) - f(x_0)}{h} \qquad (4.53)$$

（关于 h 的两点公式）

由此可见，以两点 $(x_0, f(x_0))$，$(x_1, f(x_1))$ 作线性插值求导获得的导数近似值是一样的，即

$$P'_1(x_0) = P'_1(x_1) = \frac{1}{h}[f(x_1) - f(x_0)]$$

2) 三点公式

给出三个节点：x_0，$x_1 = x_0 + h$，$x_2 = x_0 + 2h$ 及其函数值，可作二次插值：

$$P_2(x) = \frac{(x - x_1)(x - x_2)}{(x_0 - x_1)(x_0 - x_2)}f(x_0) + \frac{(x - x_0)(x - x_2)}{(x_1 - x_0)(x_1 - x_2)}f(x_1) +$$
$$\frac{(x - x_0)(x - x_1)}{(x_2 - x_0)(x_2 - x_1)}f(x_2) \qquad (4.54)$$

令 $x = x_0 + th$，$t = 0, 1, 2$。

上式可表示为

$$P_2(x_0 + th) = \frac{1}{2}(t - 1)(t - 2)f(x_0) + t(t - 2)f(x_1) + t(t - 1)f(x_2) \qquad (4.55)$$

两端对 t 求导，得

$$P'_2(x_0 + th) = \frac{1}{2h}[(2t - 3)f(x_0) - (4t - 4)f(x_1) + (2t - 1)f(x_2)] \quad (4.56)$$

上式取 $t = 0, 1, 2$，分别得到三点处关于 h 的三点公式：

$$\begin{cases} P'_2(x_0) = \frac{1}{2h}[-3f(x_0) + 4f(x_1) - f(x_2)] \\ P'_2(x_1) = \frac{1}{2h}[-f(x_0) + f(x_2)] = \frac{f(x_1 + h) - f(x_1 - h)}{2h} \\ P'_2(x_2) = \frac{1}{2h}[f(x_0) - 4f(x_1) + 3f(x_2)] \end{cases}$$

其中第二式，就是所介绍的中点公式（相比另外两个公式，可少求一个函数值 $f(x_1)$）。

3) 高阶求导

$$f^{(k)}(x) \approx P'_n(x), \ k = 1, 2, \cdots$$

三点插值型一阶求导公式：

$$P'_2(x_0 + th) = \frac{1}{2h}\left[(2t-3)f(x_0) - (4t-4)f(x_1) + (2t-1)f(x_2)\right]$$

再次求导得 $\qquad P''_2(x_0 + th) = \frac{1}{h^2}\left[f(x_0) - 2f(x_1) + f(x_2)\right]$

（变量 t 消失）

$$P''_2(x_0) = P''_2(x_1) = P''_2(x_0) = \frac{1}{h^2}\left[f(x_1 - h) - 2f(x_1) + f(x_1 + h)\right]$$

4.8.3　数值微分的外推方法

利用中点公式计算一次导数值有

$$f'(x) \approx G(h) = \frac{\left[f(x+h) - f(x-h)\right]}{2h}$$

对 $f(x)$ 在点 x 处做泰勒展开，有

$$f'(x) = G(h) + \alpha_1 h^2 + \alpha_2 h^4 + \cdots$$

其中 α_i 与 h 无关。

参照龙贝格数值积分，形如

$$\alpha_1 h^2 + \alpha_2 h^4 + \cdots$$

的余项表达，可对 h 作逐次减半，并作理查森外推，有

$$G_m(h) = \frac{4^m G_{m-1}\left(\dfrac{h}{2}\right) - G_{m-1}(h)}{4^m - 1} \quad (m = 1, 2, \cdots) \tag{4.57}$$

其误差 $\qquad\qquad f'(x) - G_m(h) = o(h^{2(m+1)}) \tag{4.58}$

考虑到舍入误差，m 值、即外推次数，不能太大。

数值微分的外推方法计算过程见表 4.10。

表 4.10　数值微分的外推方法计算过程

$G(h)$				
$G(h/2)$	$G_1(h)$			
$G(h/2^2)$	$G_1(h/2)$	$G_2(h)$		
$G(h/2^3)$	$G_1(h/2^2)$	$G_2(h/2)$	$G_3(h)$	
$\vdots$	$\vdots$	$\vdots$	$\vdots$	$\vdots$

例 4.15 使用外推法计算 $f(x) = x^2 e^{-x}$ 在 $x = 0.5$ 的导数，令 $h = 0.1$, 0.05, 0.025 逐次减半，并作 3 次外推，保留小数点后 10 位。

解答: 使用中点方法，令

$$G(h) = \frac{1}{2h}\left[\left(\frac{1}{2}+h\right)^2 e^{-\left(\frac{1}{2}+h\right)} - \left(\frac{1}{2}-h\right)^2 e^{-\left(\frac{1}{2}-h\right)}\right]$$

令 $$h = 0.1, 0.05, 0.025$$

逐次减半，并同步外推，可得

$G(0.1) = 0.451\ 604\ 908\ 1$

$G(0.05) = 0.454\ 076\ 169\ 3$　$G_1(0.1) = 0.451\ 899\ 923\ 1$

$G(0.025) = 0.454\ 692\ 628\ 8$　$G_1(0.05) = 0.454\ 898\ 115\ 2$　$G_2(0.1) = 0.454\ 897\ 994$

$f'(0.5)$ 精确值 $0.454\ 897\ 994$。

可见: 当 $h = 0.025$ 时，中点微分公式只有三位有效数字。

但外推一次达 5 位有效数字，外推两次达 9 位有效数字。

4.9　上机训练

4.9.1　复合辛普森求积公式程序与案例计算

程序如下:

```
% 功能: 用复合辛普生求积公式对以表格形式给出的函数积分。
% 调用格式: I = Simps_v(f,h)或 I = Simps_n(f_name,a,b,n)
% f_name:被积函数的文件名 f(x)
% f:等距节点上的函数值序列
% h:积分步长
function I = Simps_v(f,h)
n = length(f) - 1;
if n = = 1,…
fprintf('Data has only one interval'),return;
end
if n = = 2,…
I = h/3 * (f(1) + 4 * f(2) + f(3));
return;end
I = 0;
If n = = 3,…
I = 3/8 * h * (f(1) + 3 * f(2) + 3 * f(3) + f(4));
return;end
```

```
I = 0;
if 2 * floor(n/2) ~ = n,
I = 3/8 * h * (f(n - 2) + 3 * f(n - 1) + 3 * f(n) + f(n + 1));
m = n - 3;
else
m = n;
end
I = I + (h/3) * (f(1) + 4 * sum(f(2:2:m)) + f(m + 1));
if m>2,I = I + (h/3) * 2 * sum(f(3:2:m));
end
function I = Simps_n(f_name,a,b,n)
h = (b - a)/n;
x = a + (0:n) * h;
f = feval(f_name,x);
I = Simps_v(f,h)
```

例 4.16　已知积分精确值 $I = 4.006\,994$，用复合辛普森公式计算其值。

$$I = \int_0^2 \sqrt{1 + \exp(x)}\,\mathrm{d}x$$

解答：调用格式为：$I = Simps\_n('f\_name',0,2,20)$
结果为

```
I =
    4.0070
```

4.9.2　数值积分递推程序与案例

程序如下：

`function T = rctrap(f,a,b,n)`	定义梯形递归函数：f 为被积函数；a 为区间左端点；b 为区间右端点；n 为最终步长数
`M = 1;`	初始步长数为1，区间[a, b]
`h = b - a;`	区间初始步长 h = (b - a)/1
`T = zeros(1,n + 1);`	梯形递归值存入数组，初始设定数值元素值都为 0
`T(1) = h * (feval(f,a) + feval(f,b))/2;`	梯形公式第一次求积的积分值 $T(1) = T_0^{(0)}$
`for j = 1:n`	循环计算 $T(2)$，$T(3)\cdots T(n + 1)$（$T_0^{(1)}$，$T_0^{(2)}$，$\cdots$，$T_0^{(n)}$）
`M = 2 * M;`	区间步长数翻倍
`h = h/2;`	区间步长减半
`s = 0;`	
`for k = 1:M/2`	k 循环，多出 M/2 个新节点
`x = a + h * (2 * k - 1);`	计算新增节点的节点值
`s = s + feval(f,x);`	各新增节点函数值累加
`end`	与 for k = 1: M/2 对应

```
T(j+1) = T(j)/2 + h * s;
```

计算二分后,新的梯形公式积分值,h 已经被二分,s 为新增节点函数值之和

```
end
```

与 for j = 1:n 对应

例 4.17 用梯形公式递归方法,计算积分 $\int_1^5 \frac{1}{x} dx = \ln(5) - \ln(1) = 1.609\,437\,912$ 的逼近式 $T(1), T(2), T(3)$ 和 $T(4)$。

解答: 采用梯形递归程序如下:

```
Function = y = f(x)
y = 1./x;
```

执行程序如下:

```
clear
a = 1;b = 5;n = 3;
T = rctrap('f',a,b,n)
```

输出结果如下:

```
T =
2.4000   1.8667   1.6833   1.6290
```

4.10　案例引导

本案例以卫星轨道周长计算为引导,讨论采用梯形公式积分计算的方式获得轨道周长。

如图 4.4 所示,卫星轨道是一个椭圆,椭圆周长的计算公式是

$$S = 4a \int_0^{\frac{\pi}{2}} \sqrt{1 - \left(\frac{c}{a}\right)^2 \sin^2\theta}\, d\theta$$

式中　a——椭圆半长轴;
　　　c——地球中心与轨道中心(椭圆中心)的距离。

记 h 为近地点距离,H 为远地点距离,$R = 6\,371$ km 为地球半径,则

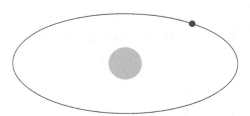

图 4.4　卫星轨道

$$a = (2R + H + h)/2, \quad c = (H - h)/2$$

我国第一颗人造地球卫星近地点距离 $h = 439$ km,远地点距离 $H = 2\,384$ km,试求卫星轨道的周长。

解答: 第一步:先应用 MATLAB 软件画出被积函数的图形。

```
clear
H = 2384;h = 439;R = 6371;
a = (2 * R + H + h)/2;
```

% = 7.782500000000000e + 003

```
c = (H − h)/2;                         % = 9.725000000000000e + 002
x = 0:0.1:pi/2;
y = sqrt(1 − (c/a)^2 * (sin(x)).^2);
plot(x,y ,'− −')
title('Trapezoidal Rule');xlabel('x');ylabel('y');
```

图形如图 4.5 所示。

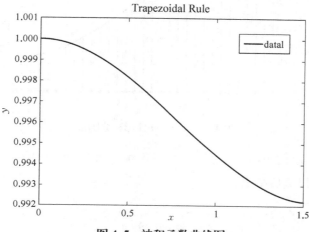

图 4.5　被积函数曲线图

第二步：应用数值积分梯形公式。

　　MATLAB 软件程序如下：

```
function I = trapez_g(f_name3,a,b,n)
format long
n = n; hold off
h = (b − a)/n;     x = a + (0:n) * h;f = feval(f_name3,x);
I = h/2 * (f(1) + f(n + 1));
if n>1     I = I + h * sum(f(2:n));end
h2 = (b − a)/100;xc = a + (0:100) * h2;fc = feval(f_name3,xc);
plot(xc,fc,'r');hold on
title('Trapezoidal Rule');xlabel('x');ylabel('y');
plot(x, f)
plot(x,zeros(size(x)),'.')
for i = 1:n; plot([x(i),x(i)],[0,f(i)]), end
```

MATLAB 命令：

```
function y = f_name3(x)
y = sqrt(1 − (9.725000e + 002/7.782500e + 003)^2 * (sin(x)).^2) − 0.99;
```

MATLAB 执行命令：

```
trapez_g('f_name3',0,pi/2,30)
```

　　积分图形如图 4.6 所示。

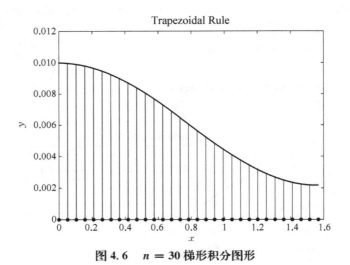

图 4.6　$n = 30$ 梯形积分图形

积分结果为：$0.009\ 557\ 910\ 546\ 30 + 0.99 = 0.999\ 557\ 910\ 546\ 30$

第三步：计算出最后结果：

$$S = 4a \int_0^{\frac{\pi}{2}} \sqrt{1 - \left(\frac{c}{a}\right)^2 \sin^2 \theta}\ \mathrm{d}\theta$$

$$= 4 \times 7\ 782.5 \times (0.009\ 557\ 910\ 546\ 30) + 0.99 \times \mathrm{pi}/2)$$

$$= 4.870\ 743\ 851\ 190\ 028\mathrm{e} + 004$$

第四步：考虑误差。

MATLAB 程序如下：

```
clear
n = 1; format long
fprintf('\nExtended Trapezoidal Rule\n');
fprintf('\n n I Error\n');
for   k = 1:8
n = n * 2;
I1 = trapez_g('f_name3',0,pi/2,n);
format long
if k~ = 1;
fprintf('%3.0f %10.5f  %10.5f\n', n, I1, I1 - I2);
end
I2 = I1;
pause
end
```

计算结果：

Extended	Trapezoidal	Rule
n	I	Error
4	1.56465	0.00000
8	1.56465	− 0.00000
16	1.56465	0.00000
32	1.56465	0.00000
64	1.56465	0.00000
128	1.56465	− 0.00000
256	1.56465	− 0.00000

计算结果的图形如图 4.7 所示。

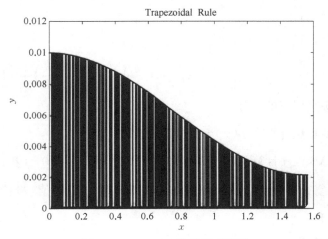

图 4.7　$n = 256$ 梯形积分图形

思考与练习

1. 确定下列求积公式中的参数，使其代数精度尽量高，并指明所得公式的代数精度：

(1) $\int_{-1}^{1} f(x)\mathrm{d}x \approx c[f(x_1) + f(x_2) + f(x_3)]$。

(2) $\int_{-2h}^{2h} f(x)\mathrm{d}x \approx A_{-1}f(-h) + A_0 f(0) + A_1 f(h)$。

(3) $\int_{-1}^{1} f(x)\mathrm{d}x \approx \dfrac{1}{3}[f(-1) + 2f(x_1) + 3f(x_2)]$。

(4) $\int_{0}^{h} f(x)\mathrm{d}x \approx \dfrac{h}{2}[f(0) + f(h)] + Ah^2[f'(0) - f'(h)]$。

2. 用复合梯形公式、复合辛普森公式计算积分（9 点函数值）

$$\int_{0}^{\frac{\pi}{2}} \frac{\sin x}{x}\mathrm{d}x$$

并估计其余项。

3. 证明 $[a, b]$ 上任何连续函数 $f(x)$，成立

$$\lim_{n\to\infty}T_n=\lim_{n\to\infty}S_n=\int_a^b f(x)\mathrm{d}x$$

4. 求高斯型求积公式

$$\int_{-1}^1 |x|f(x)\mathrm{d}x\approx A_0 f(x_0)+A_1 f(x_1)$$

并给出其余项估计。

5. 对列表函数

x	1	2	4	8	10
$f(x)$	0	1	5	21	27

求 $f'(5)$，$f''(5)$。

6. 导出数值微分公式

$$f^{(3)}(x)\approx\frac{1}{h^3}\left[f\left(x+\frac{3}{2}h\right)-3f\left(x+\frac{h}{2}\right)+3f\left(x+\frac{h}{2}\right)-f\left(x-\frac{3}{2}h\right)\right]$$

并给出余项级数展开的主部。

7. 编制用龙贝格算法计算 $\int_a^b f(x)\mathrm{d}x$ 的程序框图。

8. 利用 MATLAB 程序计算函数 $f(x)$ 在固定区间 $[a,b]=[0,1]$ 内的积分。应用复合梯形公式、复合辛普森公式使用五个等距节点上的函数值，步长为 $h=\dfrac{1}{4}$。函数 $f(x)$ 分别如下：

(1) $f(x)=\sin(\pi x)$。

(2) $f(x)=\sin(\sqrt{x})$。

9. 利用 MATLAB 程序，用复合梯形求积公式计算下面积分，取 $h=0.4, 0.2, 0.1$：

$$\int_0^{0.8} f(x)\mathrm{d}x$$

被积函数以下面表格形式给出：

x	0.0	0.1	0.2	0.3	0.4	0.5	0.6	0.7	0.8
$f(x)$	0	2.122 0	3.024 4	3.256 8	3.139 9	2.857 9	2.514 0	2.163 9	1.835 8

参 考 文 献

［1］韩丹夫,吴庆标. 数值计算方法[M]. 杭州：浙江大学出版社,2006.

［2］李庆扬,王能超,易大易. 数值分析[M]. 5 版. 北京：清华大学出版社,2008.

［3］吴振远. 科学计算实验指导书——基于 MATLAB 数值分析[M]. 武汉：中国地质大学出版社,2010.

［4］郭仁生,等. 机械工程设计分析和 MATLAB 应用[M]. 4 版. 北京：机械工业出版社,2014.

［5］王战伟,汪玲玲. n 阶差商与导数关系的证明[J]. 廊坊师范学院学报(自然科学版),2012,12(6)：13 - 14.

［6］关治,陆金甫. 数值分析基础[M]. 北京：高等教育出版社,1998.

［7］范开国,杨建国,姚晓栋,等. 基于牛顿插值的批量轴类零件加工误差补偿[J]. 机械工程学报,2011,47(9)：112 - 116.

［8］张也影. 流体力学[M]. 北京：高等教育出版社,1999.